組込みエンジニアの教科書

The textbook of the Embedded engineer

Noboru Watanabe　Shinji Makino
渡辺 登／牧野進二

C&R研究所

■権利について
- 本書に記述されている社名・製品名などは、一般に各社の商標または登録商標です。
- 本書では™、©、®は割愛しています。

■本書の内容について
- 本書は著者・編集者が実際に操作した結果を慎重に検討し、著述・編集しています。ただし、本書の記述内容に関わる運用結果にまつわるあらゆる損害・障害につきましては、責任を負いませんのであらかじめご了承ください。
- 本書の内容は2019年1月現在の情報を基に記述しています。

●本書の内容についてのお問い合わせについて

　この度はC&R研究所の書籍をお買い上げいただきましてありがとうございます。本書の内容に関するお問い合わせは、「書名」「該当するページ番号」「返信先」を必ず明記の上、C&R研究所のホームページ(http://www.c-r.com)の右上の「お問い合わせ」をクリックし、専用フォームからお送りいただくか、FAXまたは郵送で次の宛先までお送りください。お電話でのお問い合わせや本書の内容とは直接的に関係のない事柄に関するご質問にはお答えできませんので、あらかじめご了承ください。

〒950-3122 新潟県新潟市北区西名目所4083-6　株式会社 C&R研究所　編集部
FAX 025-258-2801
『組込みエンジニアの教科書』サポート係

はじめに

　AI、自動運転、ドローン、IoTといったテクノロジーの話題がニュースでも連日とりあげられており、現代社会はコンピューターなしでは生活できないレベルになってきていることを実感します。コンピューターといってもパソコンやスマホばかりではありません。本書で取り上げる組込みシステムも現代社会を支える重要なコンピューターです。

　近年では、高性能マイコンが安価になり、Linuxなどの汎用OSを搭載するデバイスが増えてきました。これらの登場によって、マイコンやハードウェアは隠蔽され、目的のアプリケーションを開発するだけで機能を実現できるようになりました。しかし、市場で利用される製品は、アプリケーションを作るスキルだけで実現はできません。どのような環境でどう利用されるのか。QCD（品質・コスト・納期）を考え、マイコンを使って実現するにはどう作ればいいのか。これらをきちんと考え、開発できるスキルが必要になります。

　本書では、組込みシステム開発に従事することになった人を対象に、開発現場に参加する前に知っておくべき事項を網羅しました。特に、マイコンボードがブラックボックスではなく、動く仕組みを理解してトラブルシューティングできるようになれることを想定して執筆しています。

　ArduinoやRaspberry Piについてはすでに多くの書籍や情報がありますが、ほとんどがセンサーを接続したり、サーバーを立ち上げたりする方法を解説したものです。本書では入手しやすい小型マイコンであるArduinoや高性能マイコンを搭載するRaspberry Piを題材に、マイコンやOSをホワイトボックスとして理解してもらえることを目指しています。開発現場で利用される小型から高性能なマイコンまで応用できるようにしています。

　組込みシステム開発者は、仕事にやりがいを持ち、ポジティブに開発を仕事にしている人が多いとの調査結果があります。ものづくりとして、目に見える物理的な製品が完成し、お客さまや利用者に使ってもらえている姿を見ると感動します。

　これから組込みシステム開発にチャレンジする人たちにも、同じようなポジティブな経験をしてもらいたい。技術者として技術の本質を探求し、よりよい開発を求め、よりよい製品を社会に提供してほしい。そんな気持ちを込めて執筆しました。

　本書が、その最初のステップとして、技術者としての学びの一助になれればと願っています。

2019年3月

渡辺 登

目次 contents

● CHAPTER-01
組込みソフトウェアエンジニアの仕事

- 01 組込みシステムとは ………………………………………………… 10
  - 組込みシステムの重要性 ……………………………………… 10
  - 組込みシステムとパソコン・サーバーはどう違う? ……… 11
- 02 組込みシステムの特徴 ……………………………………………… 12
  - Nature:自然法則の扱い ……………………………………… 13
  - Time:リアルタイム性の要求 ………………………………… 14
  - Constraint:制約事項が厳しい ……………………………… 15
  - Reliability:高い信頼性 ……………………………………… 16
  - 製品ごとのNTCR要件の特徴 ………………………………… 16
- 03 組込みソフトウェアとは …………………………………………… 17
  - ソフトウェアの種類 …………………………………………… 17
- 04 組込みソフトウェアエンジニアの仕事 ………………………… 20
  - 組込みソフトウェアエンジニアの属する組織 ……………… 20
  - 組込みソフトウェアの規模によって体制は変わる ………… 20
  - 下請けでなくプロサービス …………………………………… 21
- 05 組込みソフトウェアエンジニアのキャリア …………………… 23

● CHAPTER-02
マイコンハードウェア

- 06 組込みシステムの構成 ……………………………………………… 26
- 07 組込みマイコンの構成 ……………………………………………… 28
  - ハードウェアの種類 …………………………………………… 28
  - CPUとマイコン ………………………………………………… 29
  - メモリとは ……………………………………………………… 30
  - メモリの種類 …………………………………………………… 32
  - バスの構成 ……………………………………………………… 34
  - メインバスの用途 ……………………………………………… 35
  - ローカルバス …………………………………………………… 37
  - ペリフェラルとは ……………………………………………… 40
  - ペリフェラルの制御方式 ……………………………………… 42
- 08 CPUとは …………………………………………………………… 43
  - CPUの命令実行 ………………………………………………… 45
  - 割り込み ………………………………………………………… 47

CHAPTER-03

組込みソフトウェア

- **09 組込み機器のソフトウェア** …………………………………… 52
  - 組込みソフトウェアの種類 …………………………………… 52
- **10 組込みソフトウェアを開発する流れ** ………………………… 54
  - 実際のビルドの流れを確認する ……………………………… 56
- **11 アセンブラ言語からわかること** ……………………………… 62
  - スタートアップルーチン ……………………………………… 63
  - main関数が呼び出されるまでの流れを追う ………………… 64
  - メモリマップ …………………………………………………… 65
  - スタック ………………………………………………………… 67
  - スタックと割り込み …………………………………………… 67
- **12 組込みソフトウェアのテスト環境** …………………………… 71
  - ICE(In-Circuit Emulator) …………………………………… 71
- **13 組込み機器のプログラミングにおけるC言語** ……………… 74
  - 最適化オプションの功罪 ……………………………………… 74
  - volatile宣言 …………………………………………………… 74
  - unsignedとsigned …………………………………………… 75
  - pragma ………………………………………………………… 76
  - ポインタと配列 ………………………………………………… 76
  - 割り込みハンドラー …………………………………………… 77

CHAPTER-04

組込み機器を使ったC言語プログラミング

- **14 Arduinoのハードウェアを確認する** ………………………… 80
  - Arduinoとは …………………………………………………… 80
  - Arduino UNOのハードウェア構成 ………………………… 81
  - マイコンのデータシートを調べる …………………………… 82
  - データシートとボードを照らし合わせる …………………… 85
  - ATmega328Pの内部構成とコネクタの関係 ……………… 88
- **15 LEDをON／OFFする実験** …………………………………… 93
  - LED実験の概要 ………………………………………………… 93
  - LEDの接続 ……………………………………………………… 93
  - 点滅プログラムを作成する …………………………………… 96
  - 動作確認 ………………………………………………………… 101
- **16 LED実験プログラムを理解する** ……………………………… 103
  - CPUから見た場合のレジスタ制御 …………………………… 103
  - アセンブラで確認 ……………………………………………… 103

目次

17	LED点滅の時間を指定する	109
	● タイマーの利用	111

CHAPTER-05

リアルタイムOS

18	組込み機器のOS	114
	● OS(Operating System)とは	114
	● 組込みOSが必要な理由	115
	● 組込みOSを使った場合のデメリット	120
19	組込みOSを使ってみる	122
	● 組込みOSの動作	122
20	FreeRTOSの動きを学ぶ	127
	● FreeRTOSの構成	127
	● FreeRTOSの基本動作	128
	● サンプルコードの実際の動作	129
21	組込みOSの歴史を知る	134
	● 組込みOSの歴史	134
	● 組込みOSの種類と時代背景	135
22	組込みOSの選び方	139
	● 組込みOSの選定ポイント	139

CHAPTER-06

スマートデバイス

23	データ主導社会	142
	● データの活用	142
24	スマートデバイス	144
	● スマートデバイスとは	144
	● スマートデバイスの利用例	144
	● スマートデバイスの構成	147

CHAPTER-07

組込みLinux

25	組込みLinux	156
	● Linux OSが利用される理由	156
	● Linux OSが動作するハードウェア構成	157
	● Linux OSが動作するソフトウェア構成	162

26 組込みLinuxソフトウェアの概要 ……………………………… 163
- プロセス ………………………………………………………………… 163
- スレッド ………………………………………………………………… 164
- IPC(Inter Process Communication) ……………………………… 165
- カーネル ………………………………………………………………… 165
- システムコールインターフェース ……………………………………… 168

27 組込みLinuxのビルドと起動 ……………………………………… 172
- 利用するハードウェア …………………………………………………… 172
- Raspberry Pi 4B用のディストリビューション …………………… 174
- Raspberry Pi 4BでYoctoを起動するまでの流れ ………………… 177
- Yoctoでのビルド実行 ………………………………………………… 177

28 組込みLinuxの動作確認 ………………………………………… 182
- Yocto再ビルドによるセルフ開発環境の導入 ……………………… 182
- sysfsの利用 …………………………………………………………… 191
- OSSの利用 ……………………………………………………………… 193
- 組込みLinux開発で注意すべきポイント …………………………… 198

● CHAPTER-08
組込みソフトウェアの開発プロセス

29 組込みシステムのライフサイクル ……………………………… 202
30 組込みシステムの開発手法 ……………………………………… 204
- コンカレント開発 ………………………………………………………… 204
- フロントローディング …………………………………………………… 205
- 組込みソフトウェア開発プロセスのV字モデル …………………… 207
- 組込みシステム開発プロセス ………………………………………… 208

31 システム要求定義 …………………………………………………… 209
32 システムアーキテクチャ設計 …………………………………… 211
33 ソフトウェア要求定義 ……………………………………………… 215
34 ソフトウェアアーキテクチャ設計 ……………………………… 217
35 ソフトウェア詳細設計 ……………………………………………… 220
36 実装、単体テスト …………………………………………………… 222
37 ソフトウェア結合・統合テスト ………………………………… 225
38 ソフトウェア妥当性確認テスト ………………………………… 228
39 システム結合・統合テスト、システム妥当性確認テスト ………… 229
40 製品出荷に向けて …………………………………………………… 230

CHAPTER-09

IoT／AI時代の組込みソフトウェア開発

- **41** 産業革命と組込みシステム ………………………………………… 232
  - 第一次産業革命 …………………………………………… 232
  - 第二次産業革命 …………………………………………… 233
  - 第三次産業革命 …………………………………………… 233
  - 第四次産業革命 …………………………………………… 235
- **42** DX時代の組込みシステム開発 …………………………………… 238
  - 機能配置の変化 …………………………………………… 238
- **43** 組込みエンジニアの学び方 ………………………………………… 244
  - 守破離 ……………………………………………………… 244
  - 標準的な開発の仕方を学ぶ ……………………………… 245
  - さまざまな試験・資格 …………………………………… 245
  - 先人の知恵を活かし現場を改善 ………………………… 248
  - 自ら情報発信すると情報が集まる ……………………… 248

APPENDIX

Arduino IDE／Yoctoのインストール

- **44** Arduino IDEのWindows10でのインストール ………………… 252
  - Arduino IDEの入手 ……………………………………… 252
  - Arduino IDEのインストール …………………………… 253
  - AVRコマンドの動作確認 ………………………………… 256
- **45** Yoctoビルド環境の準備 …………………………………………… 258
  - dashの切り替え …………………………………………… 258
  - ビルドに必要なパッケージのインストール …………… 258
  - Proxyの設定が必要な場合 ……………………………… 259
- **46** Raspberry Pi 4用のYocto環境構築 …………………………… 262
  - Yoctoのバージョン ……………………………………… 262
  - Yocto環境構築 …………………………………………… 262
  - Yocto環境のセットアップ ……………………………… 263

- ●参考図書 …………………………………………………………………… 266
- ●索引 ………………………………………………………………………… 267
- ●著者プロフィール ………………………………………………………… 271

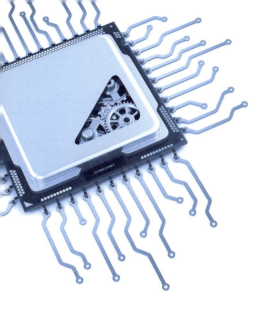

CHAPTER 01
組込みソフトウェアエンジニアの仕事

>>> **本章の概要**

　組込みシステムは、現代人が生活するうえで欠かせないコンピューターシステムになっています。自宅での生活、学校や会社での生活、飲食や娯楽、移動手段から医療など、あらゆるシーンで組込みシステムが利用されています。この組込みシステムのプログラムを「組込みソフトウェア」といい、これを開発する技術者を「組込みソフトウェアエンジニア」と呼んでいます。ここでは組込みソフトウェアの定義と、組込みソフトウェアエンジニアの仕事内容やキャリアパスについて説明します。

SECTION-01
組込みシステムとは

🌐 組込みシステムの重要性

　組込みシステムは、マイクロコンピューター（micro computer）、略してマイコンを搭載した機械や装置のことです。マイコンは、パソコンやサーバーコンピューターなどと比較すると、小さいマイクロプロセッサを使ったコンピューターシステムです。時計のような小さな機械からエレベーターや飛行機のような巨大な機械まで、マイコンを搭載することで、その機能を実現しています。最近では、人間の腸内を撮影するカプセル型内視鏡など、とても小さな機械でもマイコンを搭載しています。

　これらの組込みシステムは、現代人が生活するうえで必要不可欠のものとなっています。家の中を見渡すと、インターフォンや照明、エアコンや空気清浄機、テレビやリモコン、TVレコーダーやスマートフォン、冷蔵庫や電子レンジ、洗濯機やトイレなど、探せばさまざまな組込みシステムが見つかります。学校や会社では、パソコンやプロジェクター、ネットワークや無線通信、コピー機やプリンター、エアコンや館内放送などの組込みシステムが利用されています。また自宅から学校や会社への移動では、エレベーターやエスカレーター、券売機や自動改札、電車や自動車・バスも組込みシステムです。コンビニなどの商店、病院や役所、図書館などの施設でも、組込みシステムはたくさん使われています。

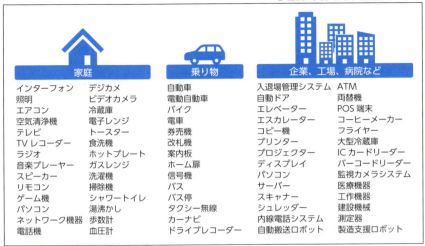
●社会に欠かせない組込みシステム

組込みシステムとパソコン・サーバーはどう違う?

　パソコンやサーバーなどは、人間がキーボードなどの入力デバイスを使って情報を入力するか、ストレージに格納された情報、もしくはネットワークを介して入力された情報を処理しています。組込みシステムの種類によっては、パソコンと同じように、人間が入力した情報を処理することもあります。しかしその多くは、センサーを使って機械や装置の外界から情報を得て、アクチュエーターを使って外界に対して動きなどのフィードバックを与えるというように、ある程度自律的に行動します。

　見方を変えれば、パソコンに温度センサーと扇風機を接続し、温度によっては扇風機を動かすようなことを、専用の機械や装置として実現しているのです。逆に、パソコンを「情報処理に特化した組込みシステム」と見ることもできます。スマートフォンは、パソコンを小型にして無線通信やタッチパネル、カメラや加速度センサー、GPSなどを搭載した組込みシステムです。

　組込みシステムと、パソコンやサーバー、スマートフォンは、本質的には同じものなのです。

SECTION-02

組込みシステムの特徴

　組込みシステムの多くは、パソコンやスマートフォンのような汎用コンピューターとしてではなく、専用機器として社会のいろいろな場所で活用されています。その中には、『安心安全』な社会を作るために貢献しているものもあります。

　社会インフラを支える機器、医療や健康分野で利用される機器、防犯などのセキュリティー分野で利用される機器は、社会の安心安全を実現するうえで必要不可欠です。また、近年の自動車は運転支援システムを組込みシステムとして導入することで、交通事故を減らし、安心安全な社会を作ることに貢献しています。

　組込みシステムは『便利快適』を実現し、豊かな社会を作ることにも貢献しています。1人1台レベルに普及したスマートフォンを使って提供されているのは、自動車や自転車のシェア、現金を持つ必要のない電子マネー決済など、便利で快適な新しいサービスです。

　自宅では、インターネット接続するための環境が組込み機器に依存しています。白物家電と呼ばれるリビングやキッチン、バス・トイレなどの機器にも、組込みシステムを搭載したものが増えています。さらに黒物家電とも呼ばれるTVやオーディオ、ゲーム機なども、生活を豊かにしてくれる組込みシステムです。

　これらの組込みシステムには、共通する特徴があります。それは4つの特徴的要件（Nature、Time、Constraint、Reliability）の頭文字をとって、NTCR要件と呼ばれています。

●組込みシステムに求められるNTCR要件

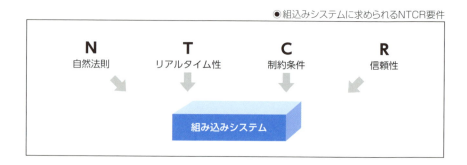

🌐 Nature:自然法則の扱い

　組込みシステムは外界（システムの外部）の変化を検知し、マイコンで処理し、結果を外界にフィードバックします。この働きはIPO（Input, Processing, Output）とも呼ばれます。もっとも単純にイメージできるシステムには、自動ドアがあります。自動ドアは人感センサーや距離センサーなどを使って人が近づいたことをマイコンが検知し、アクチュエーターを駆動してドアを自動で開け閉めしています。オフィスビルのトイレにある自動ライトも、人をセンサーで検知しライトの点灯消灯を制御するシステムです。

　人感センサーや距離センサーなどのセンサーで人を検知するには、どのような値になると人が来たことになるのかを整理し、マイコンで処理できるようにしておく必要があります。各種設定条件による値の範囲（閾値）の設定や、誤検出防止の処理なども考えておかなければなりません。

　また、ドアの開閉にはアクチュエーターを、モーター制御にはモータードライバを使用します。これらはドアの重量や移動させる距離といったデータ、動かし初めと終わりの制御、さらには緊急停止などの各種条件考慮が欠かせません。大きなガラス戸をスムーズに動かすことは、想像以上に大変なのです。

●自動ドアのセンサーとアクチュエーター

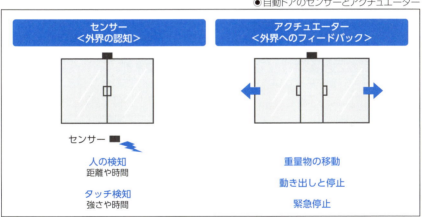

　自動車やロボットをはじめとする動きを伴うシステムでは、外界をどのように認知し、結果を外界にどうフィードバックするかという制御モデルを作ることが重要です。制御モデルは、システムのコア技術として扱われています。

　制御モデルによる制御は、汎用コンピューターのみを使った情報システム

と、組込みシステムのもっとも大きな違いといえます。書籍の貸し出しを処理する図書館システムについて考えてみましょう。デジタルで完結する情報システムの場合は、基本的にすでにデジタル化されたデータをコンピューターで処理するだけです。

一方組込みシステムを含む図書館システムの場合、書籍のバーコードという外界の白黒データを読み取って、デジタルデータ化しなければなりません。制御モデルがなければ、無造作にリーダーにかざされたバーコードを正確に読み取れるとは限りません。そこに適切な制御モデルを加えれば、現場の明るさやバーコード自体の汚れ具合、読み取り角度などを意識しなくても、バーコードを正しく読み取ることが可能になるのです。

⊕ Time:リアルタイム性の要求

スマートフォンやPCなど汎用コンピューターの場合、利用するアプリケーションによっては性能が出ず、反応が悪くなることがあります。ただし、それはユーザーにとっても折り込み済みです。それに対して組込みシステムは専用機器として実装するため、リアルタイム性が求められます。

組込みシステムのリアルタイム性は、機器によって求められる速度や、速度を保証するレベルが異なります。大きくは自動車エンジンの燃焼制御のような、数ミリ秒といったデッドラインを確実に守って動くことが求められるハードリアルタイムと、音楽プレイヤーのような、再生や操作に対する反応の多少の遅れは許容されるソフトリアルタイムに分類されます。

●ハードリアルタイムとソフトリアルタイム

ハードリアルタイムは、システムの性能が利用者や装置の安全性に影響する場合に求められます。医療機器、自動車などの運輸機器、飛行機や衛星などミッションクリティカルとよばれる機器では、ハードリアルタイムの要求が多

く見受けられます。このような機器は、OSを搭載しないシステムやリアルタイムOSを使い、時間的制約を守れるように設計します。どのような処理がどのタイミングでどれくらい動くのか、全て明らかにする必要もあります。

ソフトリアルタイムは、利用者の操作系やネットワークを介した機能を提供する機器で求められます。人間による操作やネットワークを介したサービスでは、速い反応が求められますが、それを守りきれなかったとしても重大な問題は発生しません。ただし、あまりにも反応が遅すぎると、低品質な製品として扱われてしまうので注意が必要です。

🌐 Constraint:制約事項が厳しい

組込みシステムは専用機器として提供されるため、機器それぞれで大きさや重さ、コスト、利用条件などが定義されます。コンシューマ向けウェアラブル機器で定義されるのは小型軽量、安価、生活防水という利用条件です。これらの定義から、組込みシステムには厳しい制約条件が課されます。

組込みシステムは汎用コンピューターとは異なり、何を制御するか明確であるため、余計な処理能力やメモリ容量は不要です。処理能力やリソースはコストや電子部品を搭載するエリアのサイズ、ひいては製品全体のサイズにも大きく影響するため、トレードオフで最適解を探します。しかしながら後々の製品ラインナップ拡充などを想定し、現時点ではやや贅沢な、大き目の処理能力やリソースを設定することもあります。

さらに専用機器であることから、消費電力や発熱の検討も重要です。長時間駆動する組込みシステムは、ランニングコストの観点から低消費電力であることが理想とされます。中にはボタン電池で駆動する機器や、小さな太陽光パネルで駆動する機器もあります。発熱は電子機器の場合、熱暴走や故障の原因ともなります。炎天下に設置される場合もあるため、発熱を抑え放熱を工夫することが、多くの組込みシステムで求められています。

このほかにも、振動や埃など過酷な利用環境という制約事項が加わることもあります。

🌐 Reliability:高い信頼性

　信頼性とは「アイテムが与えられた条件で規定の期間中、要求された機能を果たすことができる性質」とJISで定義されています。組込みシステムが搭載される機器は、飛行機や自動車など長期間にわたり過酷な環境で利用されるものから、スマートフォンやオーディオプレイヤーなど早いサイクルで買い替えられるものまで多様です。ですが、バグなく故障することなく利用できることは、共通して求められます。信頼性を確保するには、設計段階で高品質を実現しておくことが重要です。

🌐 製品ごとのNTCR要件の特徴

　NTCR要件は組込みシステムの全てに求められますが、重視される観点は機器によって異なります。以下の表に、身近な組込み機器の例を挙げます。

●製品ごとのNTCR要件

機器	N	T	C	R
カーナビ	・角加速度センサー ・タッチパネル	・ソフトリアルタイム	・振動 ・熱	・ソフトウェア更新可
エアバッグ	・衝突センサー ・スクラブ	・ハードリアルタイム	・振動 ・熱	・高信頼性
音楽プレーヤー	・音声圧縮伸長 ・操作スイッチ	・ソフトリアルタイム	・消費電力 ・サイズ ・熱	・ソフトウェア更新可
血圧計	・脈波センサー ・圧力センサー ・ポンプ・電磁弁	・ハードリアルタイム	・消費電力 ・コスト	・高信頼性（特定管理医療機器）
KIOSK端末	・タッチパネル ・人感センサー	・ソフトリアルタイム	・消費電力 ・熱	・ソフトウェア更新可 ・セキュリティ
AED	・加速度センサー ・電気ショック ・心電図測定	・ハードリアルタイム	・コスト ・消費電力	・高信頼性（特定管理医療機器）

SECTION-03

組込みソフトウェアとは

◉ ソフトウェアの種類

　組込みソフトウェアは、組込みシステムに搭載され、マイコン上で動作するプログラムです。英語ではエンベッデッドソフトウェア（Embedded Software）といいます。パソコンやサーバーで動くソフトウェアと異なる特徴があるため、一般的に区別した名称で呼ばれています。

　ハードウェアとアプリケーションソフトウェアの間にあるものという意味で、ファームウェアとも呼ばれます。本書では、組込みシステムに組込まれるOSと、ファームウェアを合わせて組込みソフトウェアと表現します。

　パソコンやサーバー、スマートフォンで動作するソフトウェアは、アプリケーションソフトウェアや、エンタープライズソフトウェアと呼ばれています。これらは組込みソフトウェアとは異なるプラットフォーム（コンピューターおよびOS）上で動作しており、実現している機能も異なります。また、ソフトウェア開発に関する仕事で多く目にするソフトウェアに、ゲームソフト（ゲームアプリケーション、ゲームプログラム）があります。ゲーム専用機やパソコン、スマートフォン、タブレットで動作するソフトウェアです。

●ソフトウェアの特徴比較

ソフトウェア	プログラムの動く場所	特徴	トレンド
組込みソフトウェア	マイコン搭載マシン 自動車、家電、ロボットなど OSなし、RTOS、Linuxなど	外界の状況を認識し、マイコンが処理することで人をサポート	IoT エッジコンピューティング
エンタープライズソフトウェア	PCやサーバー 企業の情報システムなど Linuxなど	企業など人が作ったルールを自動的に処理することで人をサポート	クラウド AI
（PC、スマホの）アプリケーション	PC、スマホ、タブレットなど 一般利用者、企業利用者など Windows、iOS、Android、Webなど	エンターテイメントやユーティリティ、さらにはエンタープライズのUIとして利用	SNS ストリーミング、動画 AR/VR
ゲームソフト	ゲーム機、スマホ、PCなど ゲームエンジン、Web、Windows、iOS、Androidなど	シンプルなものから、ネット経由の複数人でのプレイなど、リッチなものまで多岐にわたる	MMO、対戦 AR/VR

SECTION-03 ● 組込みソフトウェアとは

◆ 組込みソフトウェアはハードウェアを直接制御する

　ただし、組込みと呼ばれないソフトウェアも、組込みソフトウェアと密接な関係があります。エンタープライズソフトウェアもアプリケーションソフトウェアも、さらにはゲームソフトも組込みソフトウェアの上で動作しているからです。エンタープライズソフトウェアやアプリケーションソフトウェアが動作するパソコンやサーバー、またスマートフォンやタブレットもまた、一種の組込みシステムであり、組込みソフトウェアが動いています。組込みソフトウェアがWindowsやLinuxなどのOSを動作させ、エンタープライズソフトウェアやアプリケーションソフトウェアが動く環境を支えます。ゲームソフトも同様に、ゲーム専用機やスマートフォン、タブレットは組込みソフトウェアによって、ゲームソフトを動作させます。

　コンピューターシステムとしてのハードウェアを直接制御するのは、組込みソフトウェアです。

●組込みソフトウェアの範囲

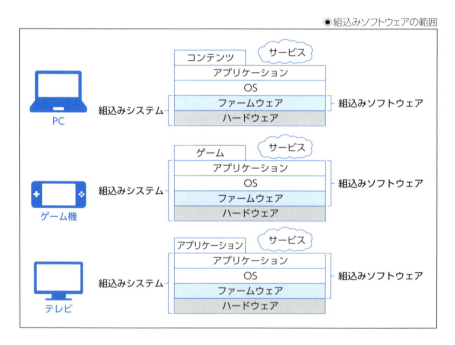

　組込みソフトウェアは、機械や装置に組込まれて提供されます。製品の特徴を実現しているのは、組込みソフトウェアであるともいえます。

　自動車であれば、エンジンやレーダーなどのハードウェアは必要不可欠で

す。しかし、エンジンの点火制御によって低燃費を、レーダーの外界把握によって先行車追尾や衝突予防を実現しているのは組込みソフトウェアです。スマートフォンであれば、大きな液晶画面や高精細なカメラなどのハードウェアは必要不可欠です。しかし、画面の描画制御やカッコいいユーザーインターフェースを実現し、高精細な画像素子からデータを取り込み画像処理しているのは組込みソフトウェアです。

　ゲーム機であれば、高いグラフィック性能や高い操作性のゲームパッドなどハードウェアが必要不可欠です。しかし、グラフィックチップを制御して高いパフォーマンスを実現し、ゲームパットの操作信号を処理しているのは組込みソフトウェアです。ビルのエレベーターであれば、しっかりとしたモーターや滑車も含めたハードウェア機構が必要不可欠です。しかし、モーターを早く確実に制御し、二重三重の安全対策制御をしているのは組込みソフトウェアです。

　組込みソフトウェアの重要性がおわかりいただけたでしょうか？

SECTION-04
組込みソフトウェアエンジニアの仕事

🌐 組込みソフトウェアエンジニアの属する組織

　組込みソフトウェアを開発する技術者は「組込みソフトウェアエンジニア」と呼ばれています。組込みソフトウェアの別名であるファームウェアから、ファームウェアエンジニアと呼ばれることもあります。

　単にプログラマーとも呼ばれることもありますが、組込みソフトウェアの開発はプログラミングだけでは完結しません。そのためか、機器メーカーなどではプログラマーという呼称はあまり使われません。仕様を考え、設計してプログラミング、そしてソフトウェアのテストと、ハードウェアを含めたシステムのテスト。さらには開発や検証の環境構築なども行うことがあります。これらの作業をエンジニアリングする技術者が、組込みソフトウェアエンジニアです。

　「エンジニア」とは、工学に関する専門知識と実践能力を持つエキスパートのことです。組込みシステムや組込みソフトウェアの開発でも、専門知識を持って実践し、社会に有用なものを提供していくことが求められます。

🌐 組込みソフトウェアの規模によって体制は変わる

　組込みソフトウェアエンジニアは、機械や装置を開発するメーカー企業だけでなく、メーカー企業と一緒に開発作業をするSIer(システムインテグレーター)企業、ソフトウェア開発を専業とするソフトハウス企業に属しています。またフリーランスとして企業に属さず個人で仕事を請ける人や、技術者を派遣する派遣会社に属する人もいます。

　ソフトウェアの規模によって、参画する組込みソフトウェアエンジニアの人数は異なります。小規模の組込みソフトウェアは、ハードウェアの担当者が開発することもあります。シンプルなリモコンなどは、ボタンと赤外線信号のパターンを入力することで組込みソフトウェアが生成される仕組みが用意されており、組込みソフトウェアエンジニアがいなくても開発できる環境が構築されています。

　しかし、中大規模の場合には、多くの組込みソフトウェアエンジニアが参画して開発が行われます。自動車やスマートフォン、複写機などは、大人数の組込みソフトウェアエンジニアが参画したプロジェクトで開発が行われています。

●組込みソフトウェア開発企業の分担など

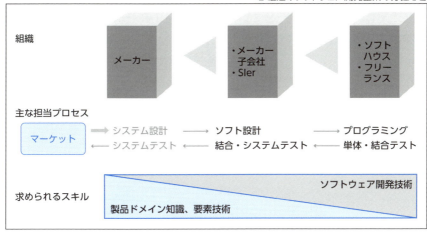

🌐 下請けでなくプロサービス

　大規模な組込みシステムは、ハードウェアも含め**モジュールごとに開発が行われ、後半に統合することで、機械や装置が完成していきます**。新人や若手の組込みソフトウェアエンジニアだと、担当するモジュールやさらにその一部しか担当させてもらえないことも多いでしょう。そのために全体が見えず、仕事を覚えることの大変さも加わり、モチベーションが保てない場合があります。

　建築でたとえると「レンガを積む単純作業」として考えるのではなく、「教会を作るためのレンガ積みの作業である」と意識すると、仕事のモチベーションアップに繋がります。組込みシステムも同様です。例えばスマートフォンであれば、安心・安全で快適な社会を実現するモバイル通信網における端末であり、その端末の機能を実現するための一部であることを常に意識して、品質の作り込みに貢献するという意識が必要です。

　組込みソフトウェアは、機械や装置の特性から**信頼性や安全性を確保するための例外・エラー処理や、レアケースの処理**などが多く存在します。それらは実際に必要になる状況にならなければ、使われないものです。しかし必要なときに正常に働かなければ、大きな問題となります。ソースコードを作りテストすることに意義をしっかりと持ち、開発に従事してほしいものです。

　組込みソフトウェアエンジニアには、ハードウェアと密接に関わるドライバ部

分や共通ライブラリから、自動テスト環境の構築、Androidなど特定OSまで、数多くの専門分野が存在します。その中で自分の得意分野を持って、キャリアを歩むというのもひとつの道です。いずれの分野でも、プロフェッショナルとして保有するスキルを、そのスキルを求める企業にサービスとして提供するスタンスを忘れてはなりません。

SECTION-05
組込みソフトウェアエンジニアのキャリア

　組込みソフトウェアエンジニアは、組込みシステム開発において一番人数が多いキャリア（職種）です。組込みシステム開発では、ハードウェア設計を担うハードウェアエンジニアや、機械や装置の専門家であるドメインスペシャリストなども参画し、協調して開発作業を進めます。近年の組込みソフトウェアの大規模化や、ハードウェアのプラットフォーム化などが、このキャリアの人数増加に繋がっています。また、組込みシステムの高機能化や高い安全性および信頼性要求によって、テストエンジニアも増加しています。

　これらの職種に関する定義などは、経済産業省の外郭団体である独立行政法人情報処理推進機構（IPA）が、組込みスキル標準（ETSS）として公開しています。現在では、エンタープライズやアプリケーションのスキル標準も含めたiコンピテンシディクショナリー（iCD）にもマージされて運用されています。大手の開発企業では、共通のものさしとして、キャリアの定義やレベル感を共有しています。またiCDでは、IoT人材に関するキャリアも定義されています。

●組込みスキル標準（ETSS）で定義されている職種

職種名称	責任	
	責任の範囲	責任の例
プロダクトマネージャ	商品開発の事業	収益、貢献
プロジェクトマネージャ	プロジェクト	品質、コスト、納期
システムアーキテクト	システム構造・実現方式	開発の効率性・品質
ソフトウェアエンジニア	ソフトウェア開発の成果物	品質、生産性、納期
テストエンジニア	システム検証の作業	品質、テスト効率性、テスト納期
ブリッジSE	外部組織との共同作業	品質、コスト、納期
ドメインスペシャリスト	技術の展開	製品・商品開発の効率性
開発プロセス改善スペシャリスト	組織の開発プロセス改善実施	プロセス改善効果
開発環境エンジニア	開発環境の品質	使用性、作業効率
QAスペシャリスト	プロセス品質 プロダクト品質（企業による） ※事業部長が責任を持つ場合もある	出荷後の品質問題

　組込みスキル標準（ETSS）では、『エントリーレベル』（レベル1、2）、『ミドルレベル』（レベル3、4）、『ハイレベル』（レベル5、6、7）という3段階（細かくは7レベル）で、若手・中堅などのレベルを具体的に表現・定義しています。

SECTION-05 ● 組込みソフトウェアエンジニアのキャリア

　組込みソフトウェア開発に関して知識や経験がなく、開発現場に配属された場合、エントリーレベルからキャリアをスタートします。エントリーレベルは半人前で、先輩など誰かの支援がなければ開発業務を遂行できないレベルです。ここで開発経験を積み、知識を習得し、担当部分を1人で作業できるスキルを身につけると、ミドルレベルにキャリアアップします。半人前から一人前に成長したといえます。

　ミドルレベル、中堅クラスになった後のキャリアパスは複数の選択肢があります。

●組込みソフトウェアエンジニアのキャリアパス

職種名称	役割
組込みソフトウェアエンジニア(ハイレベル)	より高いレベルのエンジニア
プロジェクトマネージャ	開発プロジェクトのマネジメント
組込みシステムアーキテクト	ハードウェアも含むシステム全体のエンジニア
組込みテストエンジニア	テストに関するより高いレベルのエンジニア
ドメインスペシャリスト	機械や装置のドメインに関する技術の専門家

●組込みソフトウェアエンジニアの成長

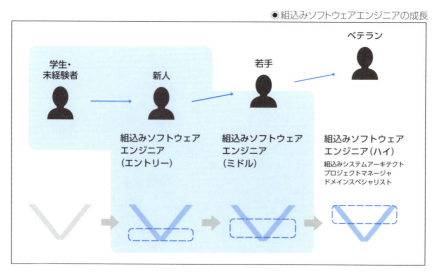

- 組込みスキル標準(ETSS Series):IPA 独立行政法人 情報処理推進機構
  https://www.ipa.go.jp/sec/softwareengineering/std/etss.html

- i コンピテンシ ディクショナリについて:IPA 独立行政法人 情報処理推進機構
  https://www.ipa.go.jp/jinzai/hrd/i_competency_dictionary/

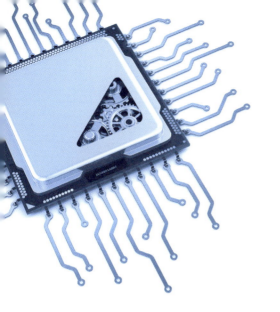

CHAPTER 02
マイコンハードウェア

 本章の概要

　本章では、組込み機器のハードウェアの概要を説明します。組込み機器のハードウェアは様々な種類があり、組込み機器を動かすための基礎知識として理解しておく必要があります。

SECTION-06

組込みシステムの構成

　組込みシステムとは、ハードウェアとソフトウェアが機器に組込まれているシステムのことです。システムによって、ハードウェアとソフトウェアの構成が異なります。パソコンはアプリケーション次第で様々な仕事を行いますが、一般的に組込みシステムの場合は機能が動作中に変化することはありません。決められた目的に応じて構成され、専用の動作をします。

　組込み機器は、身の回りにいたるところにあります。私たちの生活の中でいえば、台所にある冷蔵庫、電子レンジ、電気ポット、電気炊飯器などが組込みシステムとして動作しています。

●組込み機器の利用分野

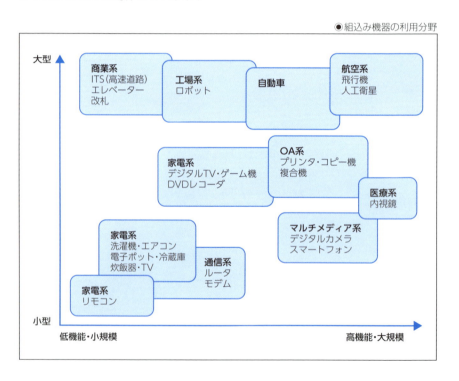

　パソコンでは、処理の複雑さによって結果が出るまでの時間が変わることがあります。処理に時間を要する場合は、プログレスバーで処理の進捗が表示されるなど、現在の状況がわかるようになっています。

組込みシステムの場合は、ある入力を受けてから結果を出力するまでの時間制約が求められます。例えばスマートフォンで電話する場合、画面に表示されている電話番号のボタンを操作してから通話になるまで、1秒くらいで完了しなければなりません。この時間制約のことをリアルタイム性（実時間性）と呼びます。リアルタイム性は、単に速く動作すればいいというわけではなく、動作環境や制御対象に合わせて動作するように設計する必要があります。万が一動けなくなった場合でも、大きな被害が出ないようにする配慮も要求されます。

　前章で説明したように、リアルタイム性にはハード（厳しい）とソフト（緩い）のリアルタイムがあります。どちらを選択するかは時間単位で決まっている訳ではなく、組込みシステムの時間制約を破った場合に許容できるか否かで決まっています。

　ハードリアルタイムは文字通り、満たせない場合に重大な事故につながるなどの時間制約のことで、組込みシステムの出荷に影響するリアルタイム性になります。ソフトリアルタイムはある程度の許容範囲があり、ソフトウェアアップデートで処理速度が向上することもあるようなリアルタイム性のことです。組込みシステムは、時間と密接な関係があるので、開発を進めるためには、時間制約を意識した開発を行っていく必要があります。

SECTION-07

組込みマイコンの構成

　組込み機器の構成は、ハードウェアとソフトウェアに大別されます。ソフトウェア規模が年々大規模になり、ハードウェアの種類も増えてきています。組込み機器が利用される用途によって4bit～64bitまでのデータを扱えるような構成があり、それぞれで異なる知識が必要になります。

　ここでは、組込み機器のハードウェアとして共通する部分と、組込み機器でソフトウェアを動作させるために必要となる知識について解説します。

● ハードウェアの種類

　組込み機器を構成する基本のパーツは、人間の頭脳にあたるCPU、記憶するためのメモリ、入出力を行うペリフェラル(Peripheral)という周辺デバイスです。これらのハードウェアが1つになっているものをマイコンと呼びます。メモリには、ROM(Read Only Memory)と呼ばれるマイコンに与える手順を格納するものと、RAM(Random Access Memory)と呼ばれるマイコンが手順を実行するために一時的にメモ帳として使うものに分かれます。手順というのは、ソフトウェアの「プログラム」を指します。

●組込み機器のハードウェア構成

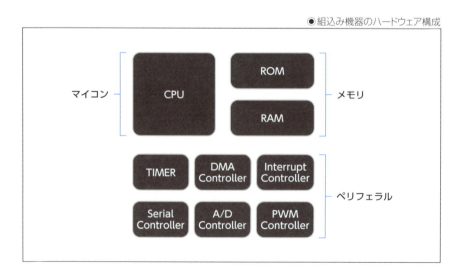

◆ CPUとマイコン

　CPUが開発された経緯は、電卓が始まりでした。1960年代後半は、電卓が最先端のデジタルデバイスであり、後に「電卓戦争」と呼ばれる熾烈な開発競争が繰り広げられていました。当初の電卓は現在のパソコンのように数多くの部品を組み合わせて作られていましたが、1971年にインテル社の「Intel 4004」、TI(Texas Instruments)社の「TMS1050」などのCPUが発表されました。CPUは、計算に必要となる部品をワンチップにまとめたものです。CPUを搭載することで、それまでより格段に安く小さな電卓が開発できるようになりました。

　世界初のマイコンとされるIntel 4004は4bitでしたが、翌1972年にはより性能が高い8bitマイコンが登場し、処理性能は年々向上していきます。CPUの進化は処理速度だけではありません。電卓以外の機器にも利用できるように、計算機能だけでなく、様々な機能が搭載されるようになりました。これらがマイコンとして進化してきました。マイコンとなることで様々な機能を利用でき、家電などの多くの機器にマイコンが利用されるようになりました。

　以下に挙げるのは、マイコンのおかげで実現している機能です。

- 炊飯器やテレビなどの予約機能（タイマー）
- テレビなどを操作するリモコン（赤外線）
- 電池で動作させる携帯機器の駆動時間（節電、省電力監視）
- 画面のボタンが押された機能を実現（タッチパネル）

　その後、マイコンで実現できる機能を増やすためにペリフェラルが追加されました。ペリフェラルとは周辺に置かれるハードウェアを意味し、マイコンの中核（頭脳）といわれるCPU(Central Processing Unit)から制御されます。CPUが頭脳として、ペリフェラルが目、耳、口、手などの役割を果たして、機能を実現しています。

　CPUとペリフェラルは、バスと呼ばれる信号線で接続されています。CPUからの指示は、バスを経由して伝えられてペリフェラルから出力され、ペリフェラルからの入力はバスを経由してCPUに伝えられます。

SECTION-07 ● 組込みマイコンの構成

●CPUとペリフェラル

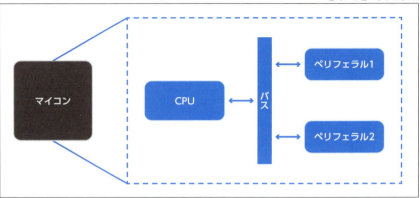

COLUMN
そもそもマイコンって何の略？

言葉としては、「マイXXXコンXXX」を省略した言葉です。ただしその定義は、ひとつに定まっているわけではありません。「マイクロコンピューター（Microcomputer）」だったり、「マイクロコントローラ（Microcontroller）」だったり、人によって解釈が違っています。マイコンという言葉自体は和製英語なので、海外の方に「マイコン」といっても通じません。海外では、「Microcomputer」または「Microcontroller」という正式名称で話しましょう。

● メモリとは

CPUがないペリフェラルのみのハードウェア構成でも、用途に合わせた機能を実現することは可能です。例えば、ボタンを押してLEDを点灯させる、消灯させるといった単純な仕事なら、ペリフェラルのハードウェアのみで実現可能でしょう。しかし、より複雑な機能を実現するためには、CPUを利用することになります。例えば、○○ms（ミリ秒）後にLEDを点灯させるとか、○○ms間は、LEDを点滅させるとかといった機能を実現するためには、CPUの力が必要になります。

ただし、CPUだけ追加しても機能しません。人間が実現したいことを手順として記述した「プログラム」をCPUに与える必要があります（プログラムについての詳細は、別章にて詳しく解説します）。このプログラムを格納しておく

ために、メモリというハードウェアが必要になります。先にも触れましたが、メモリは大きく分けて2つの種類があります。プログラム自体を格納し、CPUに手順を渡すために利用されるROMと、CPUがROMから読み込んだ手順を実現する際に利用するRAMの2種類です。

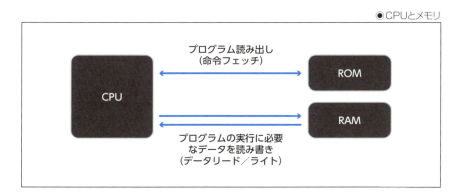

●CPUとメモリ

◆ ROM

ROMは「読み出し専用メモリ」のことで、プログラムを格納し、CPUからの読み取り要求があるとプログラムを読み出し、CPUにプログラムを渡す役目を担います。人間が書いた手順を記憶し、その手順に従った機能をCPUに実行させる役割となっています。

例えば、○○ms後にLEDを点灯させ、○○ms間はLEDを点滅させるという手順を実現するとします。その場合は、まず「CPUからLEDにどう指示を出せばいいか」を、人間が理解できるプログラミング言語で記述します。しかしながら、CPUは、人間が理解できるプログラミング言語そのままでは解釈できません。CPUが理解できる機械語という言語に変換してからROMに格納します。機械語は数値だけで構成される言語で、人間が直接読み書きすることも不可能ではありませんが、あまり一般的ではありません。

ROMの内部はアドレス（番地）が振られた区画に分かれており、それぞれの区画に機械語の命令が格納されます。プログラムを実行する際は、CPUから読み出したいアドレスがROMに渡され、ROMはその番地に書かれている命令を読み出してCPUに渡します。

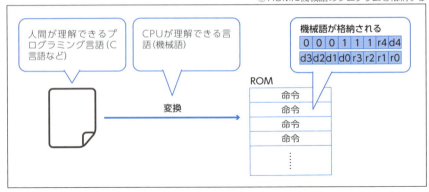

●ROMに機械語のプログラムを格納する

◆ RAM

RAMは、プログラムを実行する際に、一時的にデータの保存が必要になった場合に利用されます。ROMは読み出ししかできないメモリなので、一時的な保存場所としては利用できません。

一時的にデータの保存が必要になるのは、ある機能と別の機能を切り替える場合などです。例えば、LEDを制御した結果をシリアルコンソールに出力するとします。シリアルコンソールとは、ペリフェラルのシリアルバスを使って、組込み機器とホストパソコンを繋ぎ、ホストパソコンの画面上に文字を出力させるために使うコンソールです。シリアルコンソールに文字を出力する場合、文字や数値はCPUで生成され、これらの値をシリアルに渡すためにRAMに一時的に保存しておきます。その後シリアルコンソールに出力する機能が動作し、RAMに一時的に保持した値が読み出され、コンソールに出力されるのです。

シリアルコンソールを利用する具体的な手順は、7章で解説しています（P.179参照）。

⊕ メモリの種類

ROM、RAMともに用途に合わせたいくつかの種類があります。基本的な性質として、ROMは不揮発性メモリ（Non-Volatile Memory）と呼ばれ、電源が切れても内容は消えません。RAMは揮発性メモリ（Volatile Memory）と呼ばれ、電源が切れると内容も消えてしまいます。

ROMには、製造工程でメモリにデータを書き込んだら書き換え不可となるマスクROMと、データを書き込んだあとでも書き換え可能なプログラマブルROMの2つの種類があります。RAMにもDRAM(Dynamic RAM)とSRAM(Static RAM)の2種類があります。代表的なものを表にまとめました。

◉メモリの種類

分類	種類	記憶する内容	書き込み方法	消去方法	メリット	デメリット
不揮発性メモリ	マスクROM	命令コード固定データ(定数など)	製造工程の作り込み	消去不可	安価	製造に時間がかかる書き替え不可
	フラッシュメモリ	命令コード固定データ(定数など)	電気的	電気的	書き換え可能大容量	消去単位が大きい
	EEPROM	電源が切れても消したくないデータ			バイト単位で消去可能	容量が小さい
	EPROM	命令コード固定データ(定数など)		紫外線	書き替え可能	高価
	PROM(OTP)			消去不可で1回のみ書き込み可能	EPROMよりも安価	消去不可なので失敗すると作り直し
揮発性メモリ	SRAM	電源が切れたら消えていい命令コードやデータ	電気的	電気的	消費電流小	モジュール面積が大きい
	DRAM		プログラムの処理にて保存領域として利用	プログラム処理にての0クリアなど	高密度	リフレッシュ処理が必要

COLUMN eMMCって何?

　eMMCとは、最近パソコンにも採用されるようになったNAND型のFlashデバイスです。eMMCではない単体のNAND型Flashは、データを書き込む際に上書きができません。データを書き込み済みの場所に別のデータを書き込む際は、一度消去を行う必要があるため、プログラムでNAND型Flashを管理しなければなりません。対するeMMCは、読み込み・書き込みを管理するハードウェアとNAND型デバイスが一体になっているメモリです。NAND型Flashと違って、上書きする際もeMMC自体で管理を行ってくれます。また、eMMCはSDカードと同じように使えるため、最近はよく使われるメモリになりました。

バスの構成

　バスは、メインバスとローカルバスに分けることができます。メモリなどの高速なペリフェラルは、CPUから高速にアクセスしたいため、高速に動作するメインバスに接続されます。一方、低速に動作するペリフェラルは、ブリッジを介して、ローカルバスに接続されます。

　メインバスとローカルバスを分けることで、ペリフェラルとCPUとの処理速度の差を吸収し、CPUが高速で処理を続けられるようになっています。

●バスの構成例

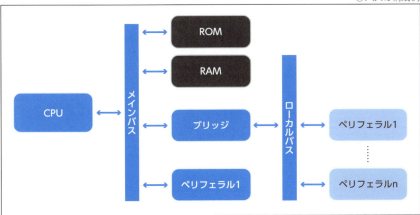

メインバスの用途

メインバスは、CPUとメモリ(ROM/RAM)やペリフェラルを結ぶための信号線です。高速なアクセスが必要なハードウェアに用いられ、アドレスバス、データバス、コントロールバスの3つに分けられます。

●アドレスバス、データバス、コントロールバス

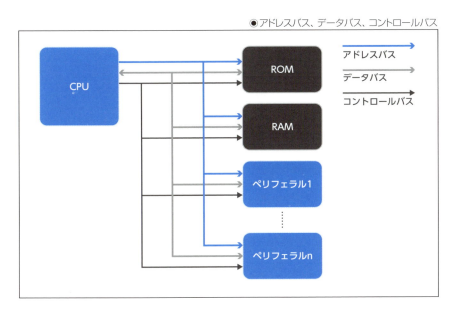

◆ アドレスバス

　メモリやペリフェラルの場所を示すために利用される信号線です。メモリやペリフェラルの場所を指定するために、アドレス信号がCPUから指定されます。

◆ データバス

　メモリやペリフェラルからデータを読み出すための信号線です。データバスは双方向になっており、CPUからの出力、CPUへの入力ができるようになっています。

◆ コントロールバス

　メモリやペリフェラルを制御するための信号線です。データの読み書きのタイミングや、ペリフェラルとCPU間の制御に必要な信号を伝達するために利用されます。

　各種のバス信号は、クロックと呼ばれるハードウェアを動作させるためのタイミング信号に同期され、CPUから指示対象となるメモリやペリフェラルに指示が伝えられます。

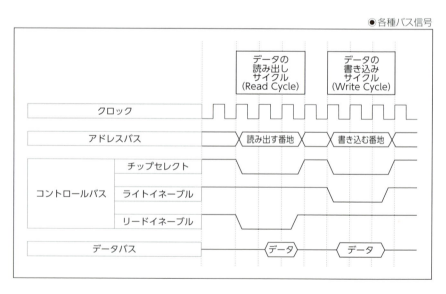

●各種バス信号

　各種バスは、CPUから指定することで動作します。以下にデータの読み出しと書き込みの例を挙げます。

RAMからデータを読み出す際には、RAMを選択するコントロールバスのチップセレクト信号、リードイネーブル信号とアドレスバスに読み出す番地をクロックの立ち上がりタイミングで指定することで、RAMの該当番地のデータがデータバスに出力されます。この出力されたデータをCPUが読み取り、レジスタに格納します。

　RAMにデータを書き込む場合、コントロールバスのチップセレクト信号とライトイネーブル信号とアドレスバスに書き込む番地、データバスに書き込むデータをクロックの立ち上がりタイミングで指定することで、ライトイネーブルが有効になっている期間に、RAMの該当番地にデータが書き込まれます。

　上記の例はあくまでも概念ですので、各々のハードウェア仕様にて違ってきます。実際の使用方法は、利用するハードウェアで確認してください。

● ローカルバス

　ローカルバスは、メインバスとは違い、メインバスのクロック速度よりも低速に動作するペリフェラルを制御する信号線となります。ローカルバスを用いることで、多くのペリフェラルを接続できるようになります。

◆ ブリッジ

　メインバスとローカルバスを繋ぐコントローラのことで、ハードウェアの構成によって違う名前で呼ばれることもありますが、本書ではブリッジと呼ぶこととします。ブリッジは、高速に動作するメインバスと低速に動作するローカルバスの速度差を吸収してくれるハードウェアです。FIFO(First In First Out)と呼ばれるハードウェアなどで、低速のローカルバスからのデータを管理し、高速なメインバスのタイミングに合わせて、データを送受信してくれるハードウェアです。各ハードウェアによって制御方法は違いますので、利用するハードウェアの確認をしましょう。

◆ UART(Universal Asynchronous Receiver/Transmitter)

　同期式シリアル信号をパラレル信号に、また逆にパラレル信号をシリアル信号に変換するハードウェアで、ローカルバスに接続されます。CPUからデータを送信する際には、UARTに対して、8bit〜16bitの幅でデータがパラレルで送られてきます。この複数のデータ信号を1本のデータ信号に変換して、シリアル信号として送信(Tx)します。シリアル信号を受信(Rx)した場合は、

複数のデータ信号になるまでデータを溜めて、CPUにデータを送るためパラレルにデータを変換してから送信します。

UART同士で通信するときは、非同期シリアル通信を行います。非同期方式は歩調同期方式とも呼ばれ、「これからデータを送ります」「これでデータが終わりました」といった信号を実際のデータの間に送り、データを送受信する機器同士で認識を合わせながら通信する方式です。組込みシステムでは、ホストパソコンと組込み機器を接続し、シリアルコンソールでテストやデバッグを行う時に多く利用されます。

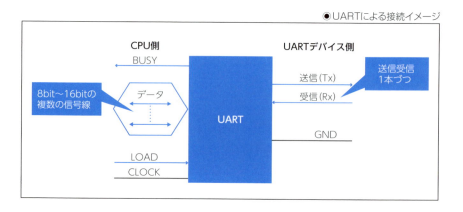

●UARTによる接続イメージ

◆ I2C

シリアル制御のバスで、SCL（シリアル・クロック）と双方向のSDA（シリアル・データ）の2本の信号線を使って通信する、同期式のシリアル通信です。

マスタ(主)デバイスとスレーブ(従)デバイスの関係があり、複数のスレーブデバイスを接続することができます。マスタデバイスは、個別に決められているスレーブデバイスのアドレスを指定して、スレーブデバイスを選択して通信を行います。

ビットレートが異なる標準モード(100Kbit/s)、低速モード(10Kbit/s)、ファーストモード(400Kbit/s)、高速(ハイスピード)モード(3.4Mbit/s)があります。また、2012年のVersion4.0では、ファーストモードプラス(1000Kbit/s)とウルトラファーストモード(5000Kbit/s)が追加されています。

●I2Cによる接続イメージ

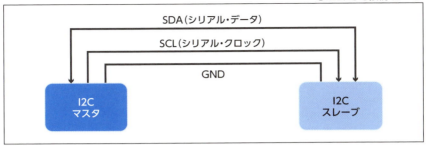

I2Cは、タッチセンサーや加速度センサーなどのセンサーデバイスの接続によく利用されます。

◆ SPI

シリアルに制御するバスで、SCK（シリアル・クロック）と単方向のSDI（シリアル・データイン）、SDO（シリアル・データアウト）の3本の信号線で通信する同期式シリアル通信です。バスに複数のスレーブを接続できるのは、I2C同様ですが、スレーブデバイスを選択するには、制御バスのSS（スレーブ・セレクト）でマスタからスレーブデバイスを選択し、通信を行います。

I2Cより多くの信号線を必要としますが、データフォーマットや原理が単純であるため、I2Cバスよりも高速に通信できます。

●SPIによる接続イメージ

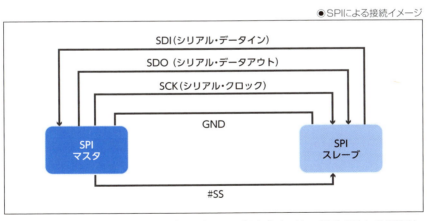

SPIは、Flash Memoryなどのストレージデバイスや、CPU同士の通信などに多く利用されています。

>
> ## COLUMN
> ### GND
>
> UART、I2C、SPIの部分にGND（グランド）が出てきます。GNDは、+ーの電位を作るために利用される信号です。各機器同士の間でGNDが違っていると、実際の信号の＋（High）／ー（Low）に電位差ができてしまい、正しく＋（High）／ー（Low）の信号が認識できない場合があります。電位差の発生を防ぐため、同じGNDを利用して通信を行うことが一般的です。

ペリフェラルとは

ペリフェラルとは、CPUの周辺に置かれるハードウェアです。多数の種類があり、組込み機器の用途によって利用されるペリフェラルは変わってきます。ここでは、代表的なペリフェラルを紹介します。

◆ DMA（Direct Memory Access）

組込み機器では、利用用途が多いペリフェラルです。DMAは、言葉の通り直接メモリにアクセスするペリフェラルです。通常はメモリのデータの読み込みや書き込みはCPUが行います。この方式は、PIO（Programmed I/O）といいます。

PIO方式で大量のデータを読み書きしてしまうと、CPUは他の処理ができなくなってしまいます。これに対して、DMAはCPUを使わずメモリのデータを読み書きするペリフェラルです。メモリ-メモリ間、メモリ-ペリフェラル間でのデータ読み書きが行えるため、CPUはメモリの読み書き中でも他の処理ができるというメリットがあります。

バスの語源は、誰でも自由に乗降できる乗合馬車といわれています。自由に使えるので、各ペリフェラル同士やCPUからのデータがぶつからないよう調停する管理者が必要で、バスを使うためのバス調停（bus arbitration）が行われます。この管理をするのがバスアービタ（bus arbiter）です。DMA実行時には、バスアービタがバスの調停を行い、データがぶつからないように制御します。

●PIOとDMA

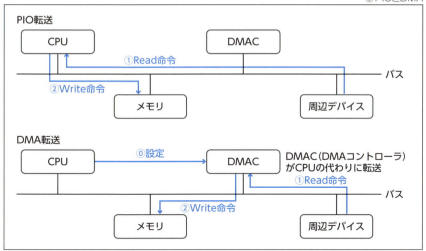

　ただし、デメリットもあります。メモリにデータ転送している間はバスを占有するので、メモリアクセスが遅くなることもあります。DMAの転送モードにはメモリアクセスに影響がでないようにする制御方法もあるので、設定を把握しておく必要があります。DMAは便利ですが、転送時の設定内容を間違えると大事故（システムが暴走、停止）となるケースも多いので、転送先のアドレス、転送サイズの設定には十分気をつけて利用しましょう。

◆ タイマー

　組込み機器では、必ず利用するペリフェラルです。プログラムでペリフェラルを周期的に監視したり、周期的にデータを出力したりといった、時間に関わる処理を行うために欠かせないペリフェラルです。タイマーは、カウンタと呼ばれるレジスタに周期時間を設定します。周期時間が経過したら、CPUにそのことを割り込みで通知します。CPUは割り込みを受けて該当のプログラムを動作させることで、周期的な処理が実現できるようになります。

◆ RTC（Real Time Clock）

　時間を管理するためのペリフェラルです。一度時間を設定すれば、電源が入っている間は毎秒時間が更新されていきます。組込み機器の場合、電池駆動の機器が電池を節約するなどの目的で、電気を多く使用するCPUをいった

ん止めることがあります。CPUが再開した時に正確な時間が分からなくなるため、RTCで時間を管理しておきます。

◆ GPIO（General Purpose Input/Output）

CPUが外部からの入力・出力を汎用Input/Outputできるポートです。実際にCPUにつながっている信号線で、CPUの設定で有効・無効にできたり、外部のペリフェラルからの割り込み信号に使ったりと汎用的に入力/出力(I/O)として利用することができます。

ペリフェラルの制御方式

多くのペリフェラルは、レジスタ（Register）という制御用のメモリを使って、CPUから制御されます。各ペリフェラルによってビット位置やビット幅などの構成が違っていますが、CPUから制御する場合は、レジスタへの書き込み／読み取りを行うことで制御するのは共通です。

CPUから見た場合のレジスタ制御は、メモリマップドI/OとI/OマップドI/Oの2種類に分かれます。メモリマップドI/OはROM、RAMと共通のアドレスを利用し、特定のアドレスに対して読み書きすることがペリフェラルの制御になります。I/OマップドI/Oの場合、ROM、RAMの制御とペリフェラルの制御は、アドレスも使用する命令も異なります。

CPUのアーキテクチャによって異なるので、利用するCPUのデータシートでどちらの方式になっているのかを確認しましょう。

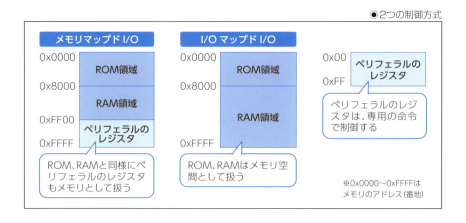

●2つの制御方式

SECTION-08

CPUとは

　CPUは、Central Processing Unit（セントラルトラルプロセッシングユニット）の略語です。日本語に訳すと「中央演算装置」と呼ばれるハードウェアで、ROMから実行するべき手順を読み出し、読み出した手順を解釈して実行します。実行した結果は、RAMなどに保存されます。

　CPUの内部は、以下のようなハードウェアで構成されています。

●CPUの構造

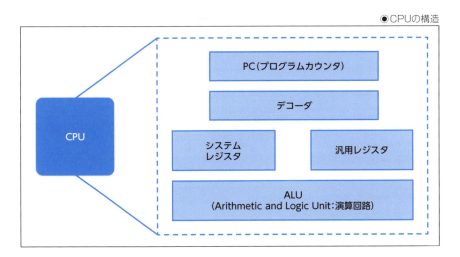

◆ プログラムカウンタ（PC:Program Counter）

　プログラムカウンタは、ROM内のプログラムのどこを参照するかを管理しているハードウェアです。先に説明したように、プログラムは機械語に変換されて、個々の命令がROM内の区画に書き込まれます。プログラムカウンタは、CPUが実行している命令の格納場所を管理し、次に実行するべき命令を読み出す位置（アドレス＝番地）をCPUに伝える役割をしています。

　例えば、CPUが0000番地から実行を開始したとします。このとき、プログラムカウンタは次に実行する場所として0001番地をCPUに提示します。プログラムカウンタが記憶している番地は、自動的に増加していきます。以後、プログラムが終わるまで、自動的に値を増加しながらCPUに実行する命令の場所を教えていくことになります。

SECTION-08 ● CPUとは

◆ デコーダ

　読み出された命令の意味を解読するハードウェアです。デコーダは数多くある命令それぞれの内容に合わせてCPUを動作させるために、命令内容を把握します。把握した命令内容に従って、ALUでの計算やデータの移動など、具体的な指示をCPU内で実行します。

◆ ALU

　整数の加算、減算などの四則演算や、AND、OR、NOTなどの論理演算を実行するハードウェア回路です。デコーダで命令を解読した結果、演算処理が必要になった場合には、ALUにて演算を実行します。ALUで実行された結果は、汎用レジスタやシステムレジスタに反映されます。

◆ 汎用レジスタ

　CPUに内蔵される汎用メモリです。高速ですが、数値を1つ記憶できる程度の容量が少ないメモリです。CPUがプログラムを実行するときに一時的に利用するメモリとなります。ALUでの演算結果を保持するアキュムレータや、データを移動する際の保存場所として利用されます。

◆ システムレジスタ

　CPUが命令を実行する際に利用するレジスタです。命令を格納する命令レジスタ、番地を管理するアドレスレジスタ、CPUの状態を管理するステータスレジスタ(フラグレジスタ)などがあります。

●ステータスレジスタの例

7bit	6bit	5bit	4bit	3bit	2bit	1bit	0bit
I	-	H	S	-	N	Z	C

※6bitと3bitは使用しない

bit	名称	用途
0	C:Carry Flag	ALUでの演算結果で桁あふれが起こたことの状態を管理
1	Z:Zero Flag	ALUの演算結果が0になっているかの状態を管理
2	N:Negative Flag	ALUの演算が加算であるか、減算であるかの状態を管理
4	S:Sign Flag	ALUの演算結果が負になっているかの状態を管理
5	H:Half Carry Flag	ALUの演算結果で桁あふれが起きたことの状態を管理。Carry Flagが最上位bitを見ているのに対して、ハーフ3bit目の桁上がりを管理します。BCD(Binary Coded Decimal)の演算で利用します。
7	I:Interrupt Enable	割り込みが許可状態であるかの状態を管理

ステータスレジスタは、ALUでの演算結果の状態や、割り込み状態など、CPUがどのような状態になっているかが分かるレジスタになっています。プログラムを実行する際には、演算結果にしたがって判定処理をすることになりますので、ステータスレジスタの演算結果を見て、判定を行います。

⊕ CPUの命令実行

命令実行の流れは、CPUアーキテクチャや製品仕様によって異なりますが、基本的には似通っています。

命令は、基本的に4つの手続きで実行されます。ROMから1つの命令を取り出す（命令フェッチサイクル）、取り出した命令を解読して実行準備する（命令デコードサイクル）、命令の実行（実行サイクル）、命令実行結果の反映（ライトバックサイクル）の4つの手続きを行うことで、実行が完了します。

●命令実行の流れ

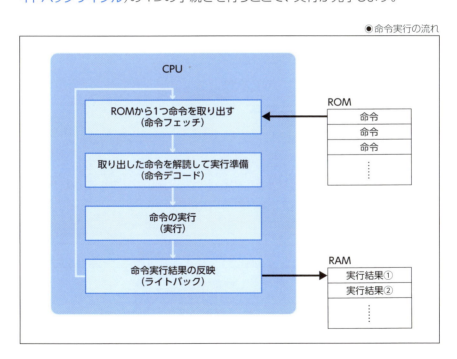

命令実行後、データの格納には汎用レジスタが、命令演算結果の格納にはシステムレジスタが利用されます。命令の演算結果は、プログラムの分岐条件となります。

プログラムカウンタは、次回の命令フェッチサイクルで続きの命令を読み出せるように、自動的に増加します。

◆ CPU命令種類

CPUの命令は、大きく3つの種類に分けることができます。

- CPUとメモリ間でデータをやり取りする命令
- CPUとペリフェラル間でデータをやり取りする命令
- CPU内だけで実行される命令

データを扱う命令の大部分は、汎用レジスタを利用します。汎用レジスタに書かれているデータをメモリに書き込んだり、メモリに置かれたデータを汎用レジスタに読み出したりします。

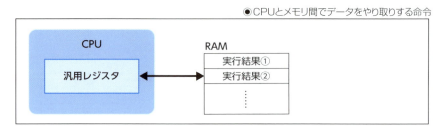
◉ CPUとメモリ間でデータをやり取りする命令

CPUと接続しているペリフェラルの場合は、汎用レジスタに書かれたデータをペリフェラルの制御レジスタに書き込んだり、ペリフェラルのレジスタから読み出したりします。

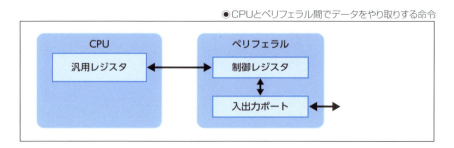
◉ CPUとペリフェラル間でデータをやり取りする命令

CPU内だけで、汎用レジスタから別の汎用レジスタにデータを移動させる命令もあります。データを記憶できる場所は汎用レジスタとメモリしかないた

め、データを扱う命令は、必ずメモリや汎用レジスタを利用します。

◉CPU内だけで実行される命令

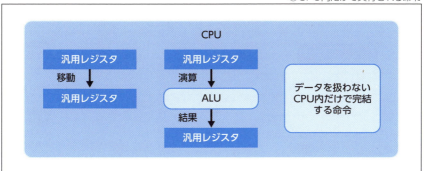

また、データの演算を行う命令もあります。汎用レジスタに書かれているデータを演算する場合は、ALUと呼ばれる演算回路を使って、四則演算などの演算を実行し、演算後のデータを汎用レジスタに書き込みます。

データを扱わず、命令実行に対するタイミングを取るなど、CPUだけで命令実行する場合もあります。

◉ 割り込み

割り込みは、ペリフェラルからCPUに対して通知を行うための信号線です。CPUが割り込み信号を受けると、割り込みベクターテーブルという専用の位置に実行が移ります。割り込みベクターテーブルには、あらかじめ決められたプログラムが登録されており、割り込み番号によって決められた処理にジャンプします。割り込み処理が終わると、元に処理していた位置に戻り、通常の動作を続行します。

◉割り込み処理の実行

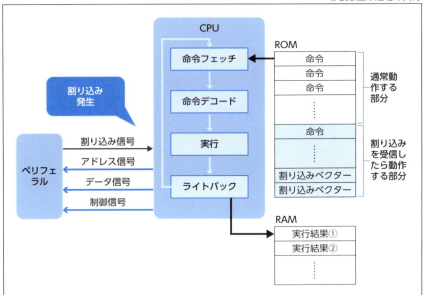

　割り込みには、CPUが内部に持っているタイマーから発生するタイマー割り込みと、ペリフェラルなどの外部のハードウェアから発生する外部割り込みがあります。タイマー割り込みは、所定の時間がきたら割り込みを発生させるなど、あらかじめ意図をもって利用する割り込みで外部割り込みは、外部とのデータ送受信の完了などを知らせるものや、ボタンが押されたことを知らせるなど、ペリフェラルの状態によって、発生する割り込みです。

◉タイマー割り込みと外部割り込み

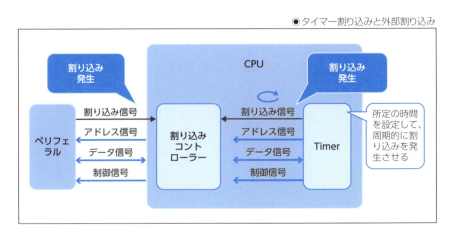

◆ 割り込み要因と割り込みベクター

　組込み機器では、多数の割り込みを扱う必要があります。割り込み信号が発生した場合、割り込み要因に対応した処理を動作させることになります。それぞれの割り込み要因に対応した処理を割り込みベクターに登録しておき、要求要因に応じて、正しい処理を動作させることになります。割り込みベクターは、複数の要因に応じた処理を登録できるようにテーブル（表）のような構造になっています。

●割り込み要因と割り込みベクターの対応

　割り込みベクターは、決められたメモリアドレスのテーブル上に、割り込み要因の数だけ配置されます。割り込みベクターには、処理そのものを登録するわけではなく、処理があるメモリ上のアドレス（番地）を登録しておきます。

◆ 割り込みの優先度

　割り込みを実行するには、優先度を決める必要があります。複数の割り込みが同時に発生した場合、優先順位が決まっていないと、どの割り込み要因を先に処理すべきかCPUは決められなくなってしまうためです。割り込みの優先度を決めておき、優先度に従って割り込みベクターにプログラムの番地を登録します。CPUによっては、優先度を決めるためのレジスタが用意されており、システムの用途に合わせた優先度を設定することができます。

COLUMN
割り込みと優先度とハードウェア回路

　割り込み優先度をレジスタで設定できないCPUでは、ハードウェアの回路を設計する際にCPUの割り込み信号に接続されるペリフェラルが決まると、優先度も決まってしまいます。一度ペリフェラルの接続が決まってしまうと、ハードウェアを作り直さない限り優先度も変えることができなくなってしまいます。正しい優先度になっているか、システム設計段階のハードウェア技術者との擦り合わせで、認識合わせをしておきましょう。ハードウェアを変更することが難しい場合、CPUは割り込みを受け付けますが、割り込み信号の先に何のペリフェラルが繋がっているのかはわからないため、ソフトウェアで回避することとなります。割り込みベクターに登録する処理を変えたり、処理順序を変えたりと、工夫した対応が必要になります。この辺りも、組込みならではの苦労の1つではあります。

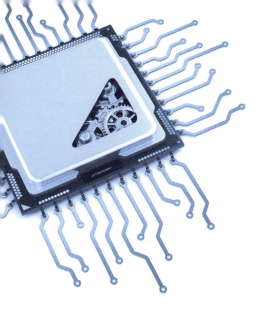

CHAPTER 03
組込みソフトウェア

▶▶▶ 本章の概要

　本章では、組込み機器のソフトウェア部分を説明します。組込み機器のソフトウェアは、機器に組込まれて、ハードウェアを制御する専用のソフトウェアです。組込みソフトウェアにおけるハードウェア制御に関しては、様々な基礎知識を理解しておく必要があります。なお、本章はC言語の基礎知識があることを想定しています。

SECTION-09

組込み機器のソフトウェア

🌐 組込みソフトウェアの種類

　組込みソフトウェアには、OS(Operating System)の上で動作するタイプと、OSなしで動作するタイプがあります。学習用の組込みボードの代表として、OSなしで動作するタイプのArduino UNO(アルドゥイーノ・ウノ)、汎用OSであるLinuxを搭載するタイプのRaspberry Pi 3(ラズベリー・パイ3)があります。

　組込みシステムは、入力・出力・制御(演算)の3つの側面から考えると理解しやすくなります。

　例えば電気炊飯器で考えた場合、入力はボタンになります。「炊飯」ボタンを押すことで炊飯が始まります。入力に対する出力は、ヒーターに電流を流すことになります。電流を流すことで炊飯が始まります。炊飯が始まったら、炊き上がり時間などを出力します。単純にご飯を炊くのではなく「おいしいご飯」を炊くためには、時間に合わせてヒーターで加熱し、温度調整する必要があります。入力された炊き上がり具合や炊く量に合わせて、ヒーターに流す電流を調整しながら制御することで、「おいしいご飯」を実現することができます。このように機能が単純で、複雑な動作がいらない機器は、OSなしで実現する場合が多くあります。CPUのクラスも、Arduino UNOと同等クラスか、それよりも低スペックのCPUが選択されることがあります。

　一方で、携帯電話やスマートフォンのように複数の機能を持ち複雑な動作が必要な場合は、OSを利用することが必要になってきます。スマートフォンで使用されるAndroid OSは、利用する人に様々なアプリケーション機能を提供できるようになっています。様々なアプリケーションの管理は、OSが時分割またはイベントドリブンで複数のアプリケーション機能を切り替えながら、複雑多様なハードウェア制御を行うことで実現されています。高スペックなハードウェアが必要なので、Raspberry Pi 3クラスのCPUが利用されることになります。

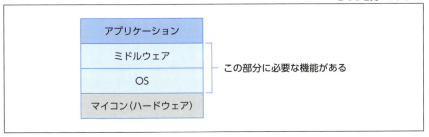
●OSを持つシステム

　OSがあるソフトウェアでは、OSの他に多種の機能を提供するソフトウェアとして、ミドルウェアが存在します。アプリケーションに搭載したい機能が、OSやミドルウェアにあらかじめ用意されている場合、目的に沿って必要な手続きを書くだけで実現することができます。

●OSがないシステム

　OSがない場合にはミドルウェアもないので、目的を実現する手続きを全て作る必要があります。要件を実現するには、どんな機能が必要かを分析しなければなりません。組込みシステムの場合、ハードウェアをどうやって使うと機能要件が満たせるのかを検討していく作業が必要になります。

　ただし、OSがないといっても、全部を最初から作るわけではありません。必要最低限な機能は、ライブラリ(Library)という形で開発環境に提供されています。ライブラリを使うことで、画面に文字を出したり、シリアル経由で通信したりといった動作を実現できます。

　OSがある場合のソフトウェア構成については、5章以降で詳しく説明します。ここから4章までは、OSなしのソフトウェアを前提に説明していきます。

SECTION-10
組込みソフトウェアを開発する流れ

通常、プログラムは高級言語を使ってパソコン上で開発します。高級言語とは、C言語などの人が読める言語のことです。パソコン上で開発されたプログラムは、組込み機器のCPUが理解できる形に変換したうえで、機器に組込みます。

ここでは、機器にプログラムを組込むまでの一連の流れを説明します。

◆ クロス開発環境

組み込み機器の場合、開発環境のパソコンとは異なるCPUの上で動作させることになります。ただし、パソコン上で高級言語をエディターを用いてプログラミングしソースコードを作成するまでは、パソコン用のプログラム開発と変わりません。異なるのは、ソースコードができたらツールを用いて組込み機器向けの実行形式に変換するという点です。

例えば、パソコン上でLinuxを利用している場合であれば、コマンドラインベースでgcc(GNU Compiler Collection)ツールを使って簡単にビルドし、実行ができます。しかし、パソコンに入っているgcc環境では、そのままでは組込み機器上での実行ができません。何故ならば、パソコンに入っているCPUと組込み機器のCPUが異なっているためです。

このため、組込み機器に合わせた専用環境を構築する必要があります。この組込み機器専用の開発環境をクロス開発環境と呼びます。

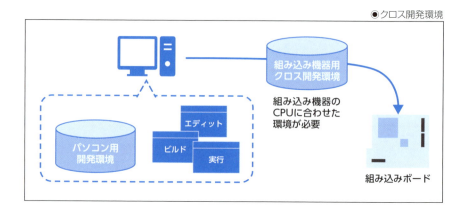

●クロス開発環境

もし組込み機器のCPUとパソコン上のCPUが同じであれば、パソコン上の環境を使って動作させることは可能です。パソコンに使われているIntel CPUやAMD CPUなども、組込み機器として多く利用されています。消費電力が多くても電力供給に問題ないような電車、駅のサイネージや監視カメラなどで利用されています。パソコンと同様のCPUを使うことで、開発部分をアプリケーションのみに特化できるといった効果もあります。

◆ ビルド作業

ビルド作業とは、プログラムを組込み機器のCPUが理解できる形にするまでの作業です。コンパイルと呼ばれることもあるのですが、コンパイルだけでは組込み機器のCPUが理解できるまでの形にはなりません。ビルドとは、コンパイル→アセンブル→リンク→HEXファイル（ROMファイル）作成までの一連の作業を行うことを指します。

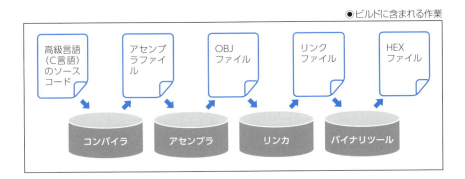

●ビルドに含まれる作業

COLUMN ビルドとコンパイルの違い

コンパイルとは「人間がプログラミング言語を用いて作成したソースコード（ソフトウェアの設計図）をコンピューター上で実行可能な形式のオブジェクトコードに変換すること」を指します。一方ビルドは、「人間がプログラミング言語を用いて作成したソースコードを最終的に実行可能な形式に変換すること」を指しています。最近は、IDE環境が発達したおかげで、細かい工程を意識しなくても済むのですが、正しい用語と動きは理解しておきましょう。

SECTION-10 ● 組込みソフトウェアを開発する流れ

⊕ 実際のビルドの流れを確認する

　組込みボードArduinoのためのビルド環境の構築方法は次の4章から説明していきますが、ここでは一般的な「Hello Worldプログラム」を題材として、ビルドの流れを解説します。

　Arduino向けの組込みソフトウェアを開発するためには、avr-gccというツールを使います（avrという名前は、Arduinoに搭載されているCPUの名前に由来しています）。ビルド環境を構築すれば、実際にビルドを試すことも可能です。

　まず、パソコン上でテキストエディターを使って、main関数を使ったプログラムを作成しておきます。C言語の入門書で最初に登場することの多い、「Hello World」と表示するだけのシンプルなプログラムです。

●main.c

```
#include <stdio.h>

int main(){
    printf("Hello World\n");
    return 0;
}
```

　作成が終わったら、いよいよビルド作業を実施していくことになります。ビルド環境によって異なりますが、コマンドラインから次のコマンドを入力すると、プリプロセス処理→コンパイル処理→アセンブル処理→リンク処理が実行されて、ELFファイルができあがります。

```
avr-gcc -Os -Wall -mmcu=atmega328p main.c -o test.elf
```

　できあがったELFファイルをavr-objcopyというツールを使って、HEXファイルに変換します。これがArduino上で実行可能な組込みソフトウェアのファイルです。

```
avr-objcopy -I elf32-avr -O ihex test.elf test.hex
```

◉Windowsのコマンドプロンプトでの実行例

```
C:\Users\ohtsu\Documents\kumikomi>avr-gcc -Os -Wall -mmcu=atmega328p main.c -o main.elf
C:\Users\ohtsu\Documents\kumikomi>avr-objcopy -I elf32-avr -O ihex test.elf test.hex
C:\Users\ohtsu\Documents\kumikomi>
```

次の図は2つのコマンドによって実行された一連の処理を表したものです。

◉2つのコマンドによるビルドの流れ

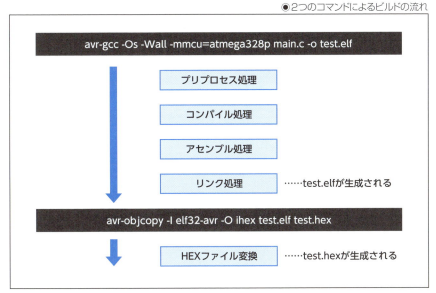

実際に各処理で何を行っているのかを、1つずつ見ていきましょう。

◆ プリプロセス処理

プリプロセス処理はコンパイルの前段階の処理です。C言語のマクロを展開し、#includeや#ifdefなどのディレクティブを処理します。マクロやディレクティブがわからない人は、C言語の入門書などで学習しておいてください。

次のコマンドはプリプロセス処理だけを行います。main.cに対してプリプロセス処理を行い、結果をpreprocess.cというファイルに書き出します。

```
avr-gcc -Os -Wall -mmcu=atmega328p -E main.c >preprocess.c
```

実際にできたpreprocess.cの中身を見てみると、main.cに対してデータ型や外部で宣言されている関数などの定義が追加されています。つまり、「#include <stdio.h>」の中身が展開されていることになります。

●preprocess.c

```
# 1 "main.c"
# 1 "<built-in>"
# 1 "<command-line>"
# 1 "main.c"
～省略～

# 125 "c:\\users\\ohtsu\\arduino-1.8.8\\hardware\\tools\\avr\\avr\\include\\stdint.h" 3 4
typedef signed int int8_t __attribute__(((__mode__(__QI__)));
typedef unsigned int uint8_t __attribute__(((__mode__(__QI__)));
typedef signed int int16_t __attribute__ ((__mode__ (__HI__)));
typedef unsigned int uint16_t __attribute__ ((__mode__ (__HI__)));
typedef signed int int32_t __attribute__ ((__mode__ (__SI__)));
typedef unsigned int uint32_t __attribute__ ((__mode__ (__SI__)));

typedef signed int int64_t __attribute__(((__mode__(__DI__)));
typedef unsigned int uint64_t __attribute__(((__mode__(__DI__)));
～省略～

extern int rename(const char *oldpath, const char *newpath);
extern void rewind(FILE *stream);
extern void setbuf(FILE *stream, char *buf);
extern int setvbuf(FILE *stream, char *buf, int mode, size_t size);
extern FILE *tmpfile(void);
extern char *tmpnam (char *s);
# 2 "main.c" 2



# 3 "main.c"
int main(){
    printf("Hello World\n");
    return 0;
}
```

◆ コンパイル処理

　コンパイル処理は、プリプロセス処理によって展開されたソースコードをアセンブラ言語（アセンブリ言語とも呼びます）に変換する作業です。アセンブ

ラ言語とは、CPU向けの機械語を人間が理解しやすい形で表したものです。

次のコマンドはコンパイル処理だけを行い、preprocess.cを元にしてpreprocess.sというファイルを書き出します。

```
avr-gcc -Os -Wall -mmcu=atmega328p -S preprocess.c
```

コンパイルが終わると高級言語がアセンブラ言語に変換されます。関連するCPUレジスタやメモリマップなどが展開されています。

● preprocess.s

```
    .file   "preprocess.c"
__SP_H__ = 0x3e
__SP_L__ = 0x3d
__SREG__ = 0x3f
__tmp_reg__ = 0
__zero_reg__ = 1
    .section    .rodata.str1.1,"aMS",@progbits,1
.LC0:
    .string "Hello World"
    .section    .text.startup,"ax",@progbits
.global main
    .type   main, @function
main:
/* prologue: function */
/* frame size = 0 */
/* stack size = 0 */
.L__stack_usage = 0
    ldi r24,lo8(.LC0)
    ldi r25,hi8(.LC0)
    call puts
    ldi r24,0
    ldi r25,0
    ret
    .size   main, .-main
    .ident  "GCC: (GNU) 5.4.0"
.global __do_copy_data
```

◆ アセンブル処理

コンパイルにてアセンブラ言語に変換した結果をOBJ形式に変換します。

ライブラリを使っている場合、この段階で作られたOBJ形式のファイルにはライブラリが提供する部品が欠けているため、これだけで動作できません。

次のコマンドはアセンブル処理だけを行います。preprocess.sを読み込んでmain.oというファイルを出力します。

```
avr-as -mmcu=atmega328p -o main.o preprocess.s
```

main.oの内容はバイナリファイルなので、テキストエディターで見ることはできません。

◆ **リンク処理**

リンク処理は、依存しているライブラリなどを合体して、実際に実行できるファイルに変換する作業です。

次のコマンドはリンク処理だけを行います。main.oを読み込んでtest.elfというファイルを出力します。

```
avr-ld -o test.elf main.o ~/work/arduino-1.8.8/hardware/tools/avr/avr/lib/
avr5/crtatmega328p.o  ~/work/arduino-1.8.8/hardware/tools/avr/avr/lib/avr5/
libc.a ~/work/arduino-1.8.8/hardware/tools/avr/avr/lib/avr5/libatmega328p.a ~/
work/arduino-1.8.8/hardware/tools/avr/lib/gcc/avr/5.4.0/avr5/libgcc.a
```

「avr-ld -o test.elf main.o 」からあとは、今回のプログラムに必要な4つのファイル(crtatmega328p.o、libc.a、libatmega328p.a、libgcc.a)の場所を指定しています。環境によって異なるので、ファイルの場所を確認して必要に応じて変更してください。以下はWindows環境の例です。

```
avr-ld -o test.elf main.o C:\Users\ユーザーフォルダ\arduino-1.8.8\hardware\
tools\avr\avr\lib\avr5\crtatmega328p.o C:\Users\ユーザーフォルダ\arduino-1.8.8\
hardware\tools\avr\avr\lib\avr5\libc.a C:\Users\ユーザーフォルダ\arduino-1.8.8\
hardware\tools\avr\avr\lib\avr5\libatmega328p.a C:\Users\ユーザーフォルダ\
arduino-1.8.8\hardware\tools\avr\lib\gcc\avr\5.4.0\avr5\libgcc.a
```

パソコン向けのプログラムであれば、この段階で動作することになります。しかし、組込み機器では、ROMに実行形式のファイルを書き込む必要があり

ます。

◆ HEXファイル変換

　実際にROMに書くためのHEXファイルへの変換を行います。HEXファイルには、Intel形式とMotrola形式の2つがあり、組込み機器のCPUに合わせて選択します。

　以下のコマンドはtest.elfというファイルを読み込んで、test.hexを書き出します。

```
avr-objcopy -I elf32-avr -O ihex test.elf test.hex
```

　ここまでの作業を行って、初めて組込み機器で動作させることができます。このHEXファイルを組込み機器のROMに書き込んで実行します。実際に動作させるまでの作業については、次章で解説します。

　ここまでに解説したビルドの流れは、組込み機器で使われているCPUのアーキテクチャに依存して手順も変わりますし、昨今の高機能なビルドツールを使っていると意識することは少ないかもしれません。ただし、ビルド作業の流れを仕組みとして理解していないと、実際の開発で実行形式が作れなくなってしまうケースもあります。基礎的な事項として覚えておきましょう。

SECTION-11
アセンブラ言語からわかること

　ビルドの流れが理解できたところで、途中で生成されたアセンブラ言語の部分を見てみましょう。「今時アセンブラ言語なんて使わないよ！」「見たことすらないよ！」という方も多いとは思いますが、アセンブラ言語には、組込みソフトウェアを理解するために重要な情報が含まれています。先ほど利用した「Hello World」のプログラムを少し変更したものを使用します。

●main2.c

```c
#include <stdio.h>

char str[]="Hello World";
int data;

int func(int x, int y){
    return x + y;
}

int main(){
    data = func(2018, 2019);
    printf("%s:%x\n", str, data);
    return 0;
}
```

　次のコマンドで一気にビルドを行いELFファイルを作成します。説明の都合で、前に説明したコマンドでは「-Os」だった部分を「-O0」に変更し、最適化（P.74参照）という処理を無効にしています。

```
avr-gcc -O0 -Wall -mmcu=atmega328p main2.c -o main2.elf
```

　このELFファイルの内容を確認してみましょう。ELFファイルはバイナリファイルなので、avr-objdumpというコマンドを使ってテキストファイルに変換します。

```
avr-objdump -S main2.elf >main2.s
```

　書き出されたmain2.sをテキストエディターなどで開いてみてください。

元のソースコードは数行程度ですが、数百行もある非常に長いファイルとなっています。

●main2.s

```
main2.elf:     file format elf32-avr

Disassembly of section .text:

00000000 <__vectors>:
   0:   0c 94 34 00     jmp     0x68       ; 0x68 <__ctors_end>
   4:   0c 94 51 00     jmp     0xa2       ; 0xa2 <__bad_interrupt>
   8:   0c 94 51 00     jmp     0xa2       ; 0xa2 <__bad_interrupt>
～省略～


000000a6 <func>:
  a6:   cf 93           push    r28
  a8:   df 93           push    r29
  aa:   00 d0           rcall   .+0        ; 0xac <func+0x6>
  ac:   00 d0           rcall   .+0        ; 0xae <func+0x8>
～省略～

000000d4 <main>:
  d4:   cf 93           push    r28
  d6:   df 93           push    r29
  d8:   cd b7           in      r28, 0x3d  ; 61
  da:   de b7           in      r29, 0x3e  ; 62
  dc:   63 ee           ldi     r22, 0xE3  ; 227
  de:   77 e0           ldi     r23, 0x07  ; 7
  e0:   82 ee           ldi     r24, 0xE2  ; 226
  e2:   97 e0           ldi     r25, 0x07  ; 7
  e4:   0e 94 53 00     call    0xa6       ; 0xa6 <func>
～省略～

00000134 <printf>:
 134:   a0 e0           ldi     r26, 0x00  ; 0
～省略～
```

スタートアップルーチン

ファイルをたどっていくと「000000d4 <main>:」という部分が出てきます。これがmain関数がアセンブリ言語に変換された部分で、000000d4は16進数で表現されたメモリのアドレスです。しかし、その前にも数十行の処

理が書かれています。これらは**スタートアップルーチン**と呼ばれるものです。

組込み機器の場合、main関数を呼び出す前にハードウェアの初期設定と、ソフトウェアが動作するために必要な初期設定をする必要があります。これらの初期設定を行わないと、プログラムが動作しません。プログラムが動作するには、CPUが利用するメモリのROMエリア、RAMエリアの設定や、関数コールしたときに利用されるスタックという領域の初期設定、グローバル変数の初期化など、**プログラムが利用するメモリの初期設定**を行う必要があるからです。

スタートアップルーチンは、パソコンで動作するプログラムの開発ではあまり意識しませんが、組込み機器の場合はハードウェアとの関わりが深く、ソフトウェアが動作するための初期設定が必要になるため無視できません。

⚫ main関数が呼び出されるまでの流れを追う

組込み機器の電源がONになると、リセット信号がCPUに送られます。リセット信号をCPUが受けることで、CPUの動作が始まります。そして、メモリアドレスの0番地からプログラムの実行がスタートします。

まず割り込みベクターの設定が行われ、続いてスタック領域、データ領域などが初期化されていきます。そのあとでmain関数が呼び出されます。

●スタートアップルーチンの部分

```
00000000 <__vectors>:
   0: 0c 94 34 00   jmp    0x68         ; 0x68 <__ctors_end>
   4: 0c 94 51 00   jmp    0xa2         ; 0xa2 <__bad_interrupt>
   8: 0c 94 51 00   jmp    0xa2         ; 0xa2 <__bad_interrupt>
～省略～

00000068 <__ctors_end>:
  68: 11 24         eor    r1, r1
  6a: 1f be         out    0x3f, r1 ; 63
  6c: cf ef         ldi    r28, 0xFF ; 255
  6e: d8 e0         ldi    r29, 0x08 ; 8
  70: de bf         out    0x3e, r29 ; 62
  72: cd bf         out    0x3d, r28 ; 61

00000074 <__do_copy_data>:
  74: 11 e0         ldi    r17, 0x01 ; 1
  76: a0 e0         ldi    r26, 0x00 ; 0
  78: b1 e0         ldi    r27, 0x01 ; 1
  7a: e4 ef         ldi    r30, 0xF4 ; 244
  7c: f6 e0         ldi    r31, 0x06 ; 6
～省略～

00000092 <.do_clear_bss_loop>:
  92: 1d 92         st     X+, r1

00000094 <.do_clear_bss_start>:
  94: ac 31         cpi    r26, 0x1C ; 28
  96: b2 07         cpc    r27, r18
  98: e1 f7         brne   .-8       ; 0x92
<.do_clear_bss_loop>
  9a: 0e 94 6a 00   call   0xd4      ; 0xd4 <main>
  9e:  0c 94 78 03  jmp    0x6f0     ; 0x6f0 <_exit>
アドレス  16進数表現   アセンブリ言語   コメント
```

割り込みベクター設定

スタックポインタ初期設定

データ領域の初期設定

プログラム本体への制御の受け渡し

main関数の呼び出し

スタートアップルーチンからmain関数が呼ばれ、main関数からfunc関数、printf関数が呼ばれていることがわかります。

●各関数の部分

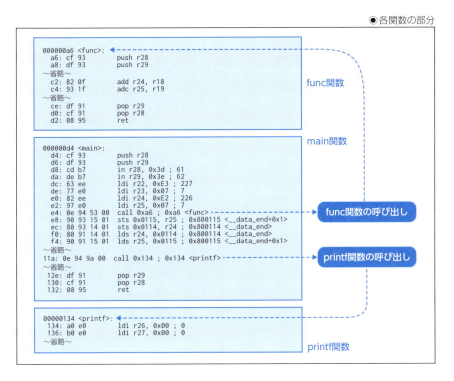

🌐 メモリマップ

　メモリの各領域の役割を表したものをメモリマップと呼びます。メモリマップはCPUに依存しているので、ソフトウェア側で変えることはできません。ソフトウェアがCPUのメモリマップに合わせる必要があります。実際にはリンク作業の中でプログラムがどの領域を使うのかを設定しています。

　メモリマップは、大きくコード領域、データ領域の2つに分けられます。コード領域は、リードオンリーの領域でROM空間を指します。データ領域はリードライトができる領域で、RAM空間を指します。つまり、ROM/RAMなどのハードウェアが、ソフトウェアから見たときに配置を決めています。

　領域のことをセクション(section)と呼びます。代表的なセクションは次の表のとおりです。

SECTION-11 ● アセンブラ言語からわかること

セクション名	領域名	プログラムとの関係
text	コード	機械語（プログラムの命令）を格納する。
data	初期化済みデータ	初期値を持っている変数を格納する
bss	非初期化済みデータ	初期値を持たない変数を格納する。

　ELFファイルをavr-objdumpというコマンドを使って見てみると以下のようなヘッダー情報を見ることができます。

```
avr-objdump -x -h main2.elf
```

●コマンドプロンプトの出力

```
main2.elf:     file format elf32-avr
main2.elf
architecture: avr:5, flags 0x00000112:
EXEC_P, HAS_SYMS, D_PAGED
start address 0x00000000

Program Header:
    LOAD off    0x00000094 vaddr 0x00000000 paddr 0x00000000 align 2**1
         filesz 0x000006f4 memsz 0x000006f4 flags r-x
    LOAD off    0x00000788 vaddr 0x00800100 paddr 0x000006f4 align 2**0
         filesz 0x00000014 memsz 0x00000014 flags rw-
    LOAD off    0x0000079c vaddr 0x00800114 paddr 0x00800114 align 2**0
         filesz 0x00000000 memsz 0x00000008 flags rw-

Sections:
Idx Name         Size      VMA       LMA       File off  Algn
  0 .data        00000014  00800100  000006f4  00000788  2**0
                 CONTENTS, ALLOC, LOAD, DATA
  1 .text        000006f4  00000000  00000000  00000094  2**1
                 CONTENTS, ALLOC, LOAD, READONLY, CODE
  2 .bss         00000008  00800114  00800114  0000079c  2**0
                 ALLOC
  3 .comment     00000011  00000000  00000000  0000079c  2**0
                 CONTENTS, READONLY
～省略～
```

　sectionsの部分に、各セクションの場所が書かれています。
　先ほど題材で使ったmain2.cで利用している変数のstr、dataがどのセクションに配置されたかも見ることができます。

```
～省略～
SYMBOL TABLE:
～省略～
00800114 g     0 .bss	00000002 data
～省略～
00800100 g     0 .data	0000000c str
```

⊕ スタック

　スタックは、関数を呼び出す際に利用されるメモリエリアです。題材で使ったmain2.cでは、func関数、printf関数を呼び出しています。自身の関数から他の関数を呼び出す場合、引数を渡す番地や、戻ってくる番地を覚える必要があります。この際に利用されるのがスタック領域です。push、popという命令を使ってLIFO（Last In First Out）として利用されます。

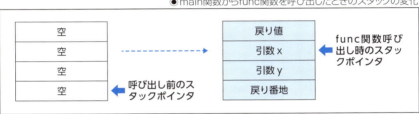

●main関数からfunc関数を呼び出したときのスタックの変化

　図はmain関数からfunc関数を呼び出す場合のスタック操作を表したものです。最初は何も入っていない空の領域です。func関数を呼び出す前に、main関数ではスタックポインタを操作し、戻り番地、引数のX,Yをスタックに入れます。呼ばれたfunc関数では、引数X、Yを取り出し、演算を行います。処理が終わると、戻り番地を取り出してmain関数に戻ります。

　スタック領域は、頻繁に使われるメモリエリアです。関数の戻り番地、引数の他に、関数内のローカル変数の領域としても利用されます。特にOSを利用する場合は、使用領域に制限があるため、注意する必要があります。

⊕ スタックと割り込み

　割り込みが発生した場合にもスタックが利用されます。割り込みが発生すると、割り込みベクターに登録されている処理が実行されます。その処理を実行する前に、割り込みが発生する前に処理していた番地を戻り番地としてス

タックに登録します。割り込み処理が終わると、スタックから割り込み発生前の処理に戻るため、戻り番地を取り出してそこの処理に戻ります。

　割り込みは、関数呼び出しと違って、いつ発生するか分かりません。割り込みが発生した場合には、割り込み発生前の戻り番地のほか、CPUが持っている内部状態もスタックに入れる必要があります。割り込み前の状態をスタックに入れておかないと、割り込みが発生する前の処理を再開できなくなります。

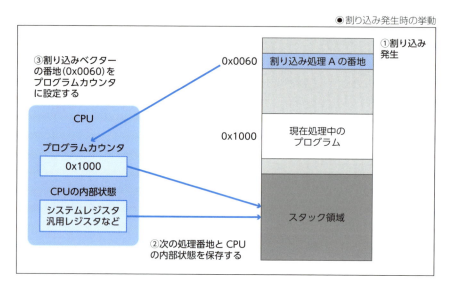

●割り込み発生時の挙動

◆ スタックとCPUの状態

　割り込み発生時のスタック操作は、CPUの命令で行ってくれるので、特に意識する必要はないですが、デバッグ時のスキルとして、割り込み発生時のスタック用途、CPUの動作原理を把握しておくことをお勧めします。割り込みが発生した場合には、CPU状態をスタックに入れておくのは何故でしょうか。それは、ステータスレジスタなど、システムレジスタの状態が関係しています。

　例えば、以下のようなプログラムを実行しているとします。

●main3.c

```
#include <stdio.h>

char str[]="Hello World";

int main(int argc, char *argv[]){
```

```
    if(argc == 1){
        printf("%s\n", "argument not found!");
    }
    else {
        printf("%s argc=%x,argv=%s\n", str, argc, argv[1]);
    }
    return 0;
}
```

　これだけ見てもわからないと思いますので、次のコマンドを入力して、アセンブラ展開したものを見てみましょう。

```
avr-gcc -g -mmcu=atmega328p main3.c -o main3.elf
avr-objdump -S main3.elf > main3.s
```

●if文実行時のステータスレジスタ

```
int main(int argc, char *argv[]){
  a6: cf 93         push r28
  a8: df 93         push r29
  aa: 00 d0         rcall .+0    ; 0xac <main+0x6>
  ac: 00 d0         rcall .+0    ; 0xae <main+0x8>
  ae: cd b7         in r28, 0x3d ; 61
  b0: de b7         in r29, 0x3e ; 62
  b2: 9a 83         std Y+2, r25 ; 0x02
  b4: 89 83         std Y+1, r24 ; 0x01
  b6: 7c 83         std Y+4, r23 ; 0x04
  b8: 6b 83         std Y+3, r22 ; 0x03
    if(argc == 1){
  ba: 89 81         ldd r24, Y+1 ; 0x01
  bc: 9a 81         ldd r25, Y+2 ; 0x02
  be: 01 97         sbiw r24, 0x01 ; 1       ──①演算結果を反映
  c0: 29 f4         brne .+10 ; 0xcc <main+0x26>
                                              ステータスレジスタ
  ③どちらに行くか決める                        ┌─┬─┬─┬─┬─┬─┬─┬─┐
                                              │I│-│H│S│-│N│Z│C│
        printf("%s\n", "argument not found!");└─┴─┴─┴─┴─┴─┴─┴─┘
  c2: 8c e0         ldi r24, 0x0C ; 12        ②演算結果＝0を判定
  c4: 91 e0         ldi r25, 0x01 ; 1
  c6: 0e 94 aa 00   call 0x154 ; 0x154 <puts>
  ca: 25 c0         rjmp .+74 ; 0x116 <main+0x70>
    }
    else {         ④Zero Flag=0ならこちらへジャンプ
        printf("%s argc=%x,argv=%s\n", str, argc, argv[1]);
  cc: 8b 81         ldd r24, Y+3 ; 0x03
  ce: 9c 81         ldd r25, Y+4 ; 0x04
  d0: 02 96         adiw r24, 0x02 ; 2
  d2: fc 01         movw r30, r24
  d4: 80 81         ld r24, Z
```

　if文などの判定文では、必ず演算が実行されます。この例では、引数で渡されたargcが1であるか？を判定しています。アセンブラを見ると、sbiwという減算命令で演算されており、演算した結果がステータスレジスタに反映されます。減算命令の結果が0の場合はZero Flagは1、結果が0ではない場

合はZero Flagは0になります。次に分岐命令のbrneが実行されます。brneは、ステータスレジスタのZero Flagを見て、どちらに分岐するかを決めます。Zero Flagが0であれば、0xcc番地にジャンプします。

　割り込みが発生する位置にもよりますが、今回の例で考えると、減算処理が実行された直後に割り込みが発生すると、Zero Flagが書き替えられる恐れがあります。そのまま復帰すると分岐がおかしくなってしまいます。演算結果を保持しておかなければなりません。

　演算結果をスタックに保持しておけば、割り込みが終了したのちに演算結果をCPUに復元し、中断前の状態から正しく処理することができます。

SECTION-12

組込みソフトウェアのテスト環境

　ビルド作業が終わったら、実際に組込み機器でのプログラム動作を確認することになります。組込み開発の場合、最初にハードウェアが正しく動いていることを確認したうえで、ソフトウェアの動作確認をするという流れになります。ハードウェアが正常に動作していることを確認するには、特殊な機器を使う必要があります。

● ICE（In-Circuit Emulator）

　ICEは、組込み機器に搭載されているCPUを代替して動作する機器のことです。ICEには、いくつかの種類があります。

ICEの種類	概要	メリット	デメリット	価格
JTAG ICE	JTAGインターフェースで組込み機器のCPUが持っているデバッグ機能を利用する。	組込み機器のCPUが持っている機能のみ使える。	組込み機器のCPUに機能がないと利用できない。	安価
フルICE	組込み機器のCPUをエミュレーションする。	組込み機器のCPUの代わりに何でもできる。	価格が高価、最近はあまり利用されない。	高価

　JTAG ICEを利用するには、組込み機器のCPUにデバッグ機能が必要です。最近の傾向として、組込み機器のCPUの高性能化が進んだ結果、OCD（On-Chip-Debugger）が標準搭載されていることが増えています。そのため、JTAGインターフェースを利用したテストが主流になっています。

　ICEとホストとなるパソコンとの接続には、USBケーブルを利用する場合と、JTAGケーブルという専用ケーブルを使う場合があります。

SECTION-12 ● 組込みソフトウェアのテスト環境

●ICEの利用イメージ

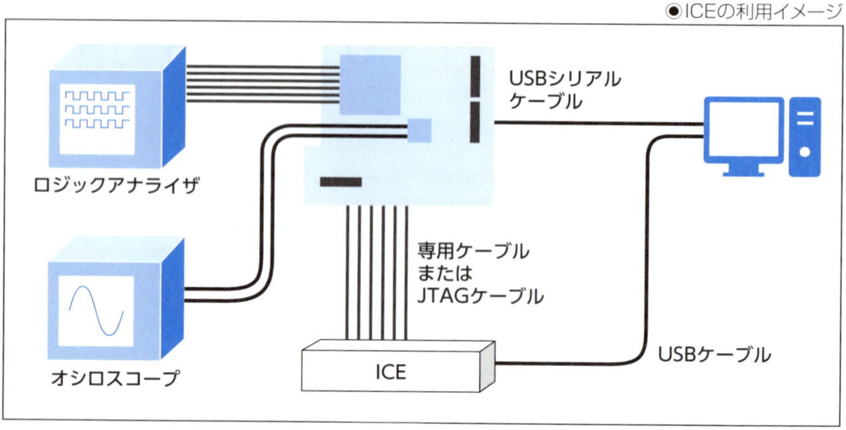

[図: ロジックアナライザ、オシロスコープ、ICE、USBシリアルケーブル、専用ケーブルまたはJTAGケーブル、USBケーブルでPCと接続]

　ICEを利用することで、組込み機器のCPUからメモリを参照したり、ペリフェラルのアクセスを確認したりということができるようになります。ハードウェアへのアクセスが正常にできることを確認したうえで、ソフトウェアの動作確認をしていくことになります。

◆ シリアルの利用

　JTAGインターフェース以外に、シリアルポートを使ったテストもあります。ICEと違いテストやデバッグに利用する機能は提供されないため、シリアルポートに出力する機能を実装してモニターを行うことになります。シリアルポートに出力できるようになったら、printf()文を使って、ソフトウェアの動作をモニターしながら動作確認をしていくことになります。

◆ 波形の観測

　ハードウェア計測機器としては、「ロジアナ（ロジックアナライザ）」「オシロスコープ」という計測機器を使うことが多くなるでしょう。どちらもハードウェアの波形測定に使用される機器で、ハードウェア技術者はこの2つを利用してテスト／デバッグを行うのが普通です。

　ロジアナは、「時間」を計測する場合や、「ハードウェア仕様書」上のシーケンス図通りの動作がなされているかといった、機能的な確認をする場合に役立ちます。

　オシロスコープは、電気的な特性を測定できる機器です。ハードウェアの波形で「H／Lレベル」を計測する時に使用されます。

SECTION-12 ● 組込みソフトウェアのテスト環境

　組込みソフトウェアでは、ロジアナとオシロスコープをハードウェアとソフトウェアの動作切り分けを行う際に利用します。例えば、割り込み信号などのハードウェアから通知されるイベントがソフトウェアに通知されない場面が考えられます。計測機器を使って信号が観測できるようであれば、ソフトウェアに問題があると問題点を切り分けできるのです。

◉ ロジックアナライザとオシロスコープの用途

ロジックアナライザ

ステート解析
CPUのクロックと同期して、CPUとペリフェラルの同期状態、CPUとメモリの同期状態を波形観測します。同期解析と呼ばれています。

タイミング解析
ハードウェア信号を複数観測し、複数の信号間の同期状態を観測します。測定機器内部のクロックで観測されるため、非同期解析と呼ばれます。

オシロスコープ

波形解析
ハードウェアの信号を詳細に分析します。波形の立ち上がり、立ち下がり状態などを観測します。

SECTION-13
組込み機器のプログラミングにおけるC言語

◉ 最適化オプションの功罪

　C言語は一般的に使われる高級言語ですが、組込み機器のプログラミングにおいては、留意しなければならない点がいくつかあります。組込み機器の多くは、制約事項として、メモリ(ROM/RAM)容量が限られていたり処理時間に制約があったりするため、プログラムを最適化することが必要になります。この際にコンパイラの最適化オプションを使って、プログラム構造を最適化することで、制約事項を守るようにします。ただし、コンパイル時の最適化によって、意図しないプログラム動作になってしまう場合もあるのです。

◉ volatile宣言

　組込み機器では、周期的にハードウェアを監視して、状態が変わったことを監視する処理が頻繁に使われます。この処理をポーリングといいます。割り込み機能を持たないペリフェラルなどを監視するために行われます。

●ポーリングの例

　この場合、ペリフェラルの監視のために、レジスタアドレスを指定した処理を書いたとします。しかし、コンパイラはペリフェラルのレジスタアドレスを知らないため、最適化オプションを指定して、コンパイルすると意図しないものに展開される可能性があります。その場合はvolatile宣言で最適化をしないように指定します。

●意図しない展開を防ぐためのvolatile宣言

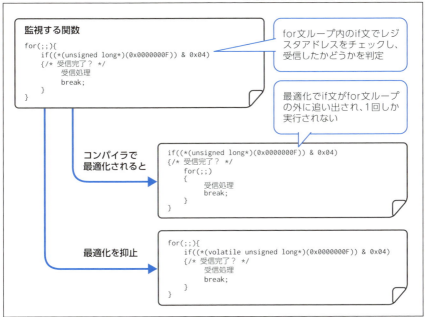

● unsignedとsigned

　算術演算する場合、＋なのか−なのかは非常に重要です。組込み機器の場合では加えて、unsigned型とsigned型の違いにも留意が必要です。先ほどのハードウェアの監視処理でペリフェラルのレジスタから読み取った値の場合、unsigned型とsigned型を使い間違えると、最上位のビットが表す意味が変わってしまいます。

　組込み機器の場合、ペリフェラルのレジスタなどはビットで状態を表すため、読み取った値によっては、意図しない値になる可能性があります。ハードウェアの制御をする場合は、ビット操作やレジスタの値がマイナスと判断されないようにunsigned型を利用しましょう。

```
typedef struct {
    signed int control_bit: 1;  //0か-1のどちらかになる。1にはならない。
}
```

```
typedef struct {
  unsigned int control_bit: 1; //0か1のどちらかになる。
}
```

🌐 pragma

　ハードウェアやメモリアドレスを指定してデータやコードを配置したい場合は、pragmaを利用します。pragmaを使うと、メモリマップに独自のセクションを増やしてデータやコードを配置できます。例えば、データやコードをRAMに配置して実行する、データはFlashメモリに置く、など実際にどのハードウェアを使用するか指定できます。

　ただし、pragmaはコンパイラに指示を出すためのオプションなので、使用可能かどうかはコンパイラに依存します。コンパイラの仕様を確認してから利用しましょう。

🌐 ポインタと配列

　組込み機器のCPUは、パソコンほど速くはありません。ROMやRAMといったメモリも容量が限られています。これらの制約事項とのトレードオフを考え、処理速度やメモリ容量の削減などに留意する必要があります。もちろん、コンパイラの最適化オプションを使うことで、処理速度の向上やメモリ容量の削減もできますが、コードを書く時点でもハードウェアの性能を意識したコーディングを行うことが大切です。

　ポインタを参考に処理を見てみましょう。次図の2つのソースコードは、配列をそのまま使用したときと、配列に加えてポインタも使用した同じ結果を出すプログラムです。ソースコードの段階ではポインタを利用した右側のほうが長くなっています。しかし、アセンブリ言語を見ると、ポインタを使用したもののほうが命令数が1つ減り、ループ内で処理する命令数も減っていることが分かります。

　単に配列を使うのではなく、処理速度、メモリ容量を意識して記述することで、コンパイラの最適化オプションだけでは得られない最適化を図ることができます。

●2つのプログラムを比較

```
#include <stdio.h>

int main(){
    int i, j;
    char buf[10];

    for(i=0, j=0; i<10; i++,j++){
        buf[i] = j+ 1;
        printf("%x\n", buf[i]);
    }
    return 0;
}
```

```
#include <stdio.h>

int main(){
    int i, j;
    char buf[10];
    char* ptr;
    ptr = buf;

    for(i=0, j=0; i<10; i++,j++){
        *ptr = j+ 1;
        printf("%x\n", *ptr);
        ptr++;
    }
    return 0;
}
```

```
for(i=0, j=0; i<10; i++,j++){
 14: 1a 82    std Y+2, r1  ; 0x02
 16: 19 82    std Y+1, r1  ; 0x01
 18: 1c 82    std Y+4, r1  ; 0x04
 1a: 1b 82    std Y+3, r1  ; 0x03
 1c: 00 c0    rjmp .+0     ; 0x1e <main+0x1e>
    buf[i] = j+ 1;
 1e: 8b 81    ldd r24, Y+3 ; 0x03
 20: 8f 5f    subi r24, 0xFF ; 255
 22: 48 2f    mov r20, r24
 24: 9e 01    movw r18, r28
 26: 2b 5f    subi r18, 0xFB ; 251
 28: 3f 4f    sbci r19, 0xFF ; 255
 2a: 89 81    ldd r24, Y+1 ; 0x01
 2c: 9a 81    ldd r25, Y+2 ; 0x02
 2e: 82 0f    add r24, r18
 30: 93 1f    adc r25, r19
 32: fc 01    movw r30, r24
 34: 40 83    st Z, r20
```
値の計算と代入

```
ptr = buf;
 14: ce 01    movw r24, r28
 16: 07 96    adiw r24, 0x07 ; 7
 18: 9e 83    std Y+6, r25 ; 0x06
 1a: 8d 83    std Y+5, r24 ; 0x05
    for(i=0, j=0; i<10; i++,j++){
 1c: 1a 82    std Y+2, r1  ; 0x02
 1e: 19 82    std Y+1, r1  ; 0x01
 20: 1c 82    std Y+4, r1  ; 0x04
 22: 1b 82    std Y+3, r1  ; 0x03
 24: 00 c0    rjmp .+0     ; 0x26 <main+0x26>
    *ptr = j+ 1;
 26: 8b 81    ldd r24, Y+3 ; 0x03
 28: 8f 5f    subi r24, 0xFF ; 255
 2a: 28 2f    mov r18, r24
 2c: 8d 81    ldd r24, Y+5 ; 0x05
 2e: 9e 81    ldd r25, Y+6 ; 0x06
 30: fc 01    movw r30, r24
 32: 20 83    st Z, r18
```
ポインタ初期化
値の計算と代入

割り込みハンドラー

　割り込みハンドラーは、割り込み処理に登録するために書かれるプログラムです。割り込み処理は、通常の処理よりもCPUが優先的に動作させる処理となります。そのため、割り込み処理が長いと通常処理に影響が出るので、なるべくシンプルに最小限の処理だけを書くことを心がけましょう。

　割り込みハンドラー自体は、割り込みベクターに対象プログラムの先頭番地を登録することで、割り込みが発生した際にCPUが自動的に切り替えてくれます。

　AVRの環境では、以下のように記述することで、割り込みベクターとして登録ができます。ISR()というマクロ関数を利用して、登録したい割り込みベクター位置を指定しています。この例は、Timer0を利用する場合の例です。

SECTION-13 ● 組込み機器のプログラミングにおけるC言語

```c
#include <avr/io.h>
#include <avr/interrupt.h> /*割り込みを使用するためのinclude定義*/

ISR(TIMER0_COMPA_vct)   /*timer0の割り込み関数の登録*/
{
    /*ここに割り込み時の処理を書く*/
}

int main(void){
    /*割り込み関連の初期化処理*/
    TCCR0A = 0b10000010; /*10:コンペアマッチAでLOW, 10:CTCモード*/
    TCCR0B = 0b00000001; /*分周なし*/
    TIMSK0 = 0b00000010; /*コンペアマッチAの割り込みを設定*/

    /*コンペアマッチする時間の設定*/
    OCR0A = 32499; /*32.5msでコンペアマッチ @1MHz*/
        ……

    sei(); /*割り込み許可*/
    for(;;){  /*無限ループ*/
            ……
        /*main処理を記述する*/
            ……
    }
    return 0;
}
```

　割り込みベクターの登録処理はCPUごとに指定方法、プログラムの書き方などが違ってきますので、CPUのマニュアルや開発環境のマニュアルを熟読して利用しましょう。

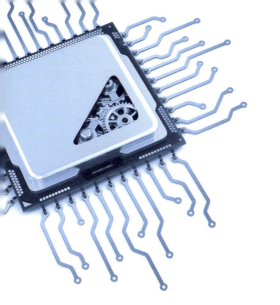

CHAPTER
04

組込み機器を使った
C言語プログラミング

 本章の概要

　本章では2章、3章での知識を使い、実際の組込み機器でのプログラミングを実践します。組込みボードとして、Arduino Unoを使用します。実際の作業を通して、組込み開発の勘所やC言語でのプログラミングを理解しましょう。

SECTION-14

Arduinoのハードウェアを確認する

　この章では、幅広く使われている組込みボードのArdino（アルドゥイーノ）を題材に、組込み開発での必要になるスキルと勘所を理解していきます。

🌐 Arduinoとは

　Arduinoは、イタリアで発案された組込みシステムです。小さいマイコンを搭載したボードと、プログラム言語やプログラムを開発するためのソフトウェア環境を含めて、「Arduino」と呼んでいます。ArduinoのCPUは、Atmel社（米国）のAVR ATmega328Pという8bitのマイコンです（Atmel社は2016年4月にMicrochip Technology社に買収されています）。

　Arudino仕様に則ったマイコンが載ったボードは、プログラムを開発するパソコンとUSBケーブルを使って接続できる仕様になっています。最近、様々なメーカーがArudino互換のボードを製造・販売していますが、代表とされるのがArduino UNO（アルドゥイーノ・ウノ）です。UNOは、イタリア語で1を意味する言葉で、最初のリリース1.0を表すのに付けられました。Arduino UNOは、手軽にプロトタイプ（ちょっと試して作ってみるという意味）を作れる環境を提供しています。本書では、標準仕様の「Arudino UNO」を中心に組み込みプログラミングに関して解説します。

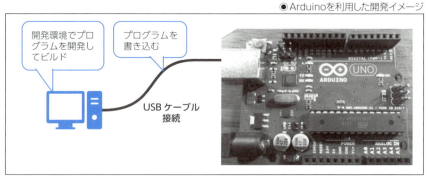

●Arduinoを利用した開発イメージ

　プログラム開発は、パソコン上のIDE（統合開発環境：Integrated Development Environment）で行えます。IDEは、エディット作業、ビルド作業、デバッグ作業を同じ環境でできるGUI（Graphic User Interface）ツー

ルです。ただし本章では、組込み開発の勘所を掴むことを目的としますので、GUIでのプログラミングは実施しません。

本書で扱うArduino UNOボードはR3(Release3)、Arudino IDE環境はバージョン1.8.8を利用しています。Windows版のArduino IDEのインストール方法については、巻末のAppendixを参照してください(P.252参照)。

⊕ Arduino UNOのハードウェア構成

プログラム開発を行う前に、Arduino UNOのハードウェア構成を外観から確認します。組込み機器のソフトウェアは、ハードウェア構成がわかっていないと開発ができません。最初にどんな構成になっているかをArduino UNOのマイコンボードで確認していきましょう。

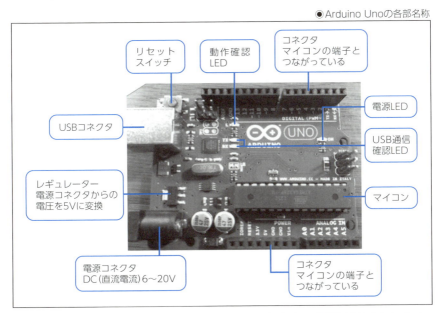
●Arduino Unoの各部名称

マイコンボード上で確認するだけでも、聞きなれない言葉が多くあります。1つずつ確認していきましょう。

◆ ①コネクタ

コネクタは、マイコンからの制御信号を外部に出すために使われる部品です。マイコンからの出力や、マイコンへの入力をするための端子が外部から

制御できるように、GPIOや、PWM（Pulse Width Modulation）などの制御信号が出ています。外部に電源を出せるように電源端子も出ています。

◆ ②各種LED

　LED（Light Emitting Diode）は、各種動作を確認できる発光ダイオードです。プログラム動作を確認できるLEDや、USB通信の動作を確認できるLED、電源がONされていることが確認できるLEDなど数種類配置されています。

◆ ③リセットスイッチ

　マイコンをリセットできるボタンスイッチです。押せば、マイコンを最初から動作させることができます。

◆ ④電源コネクタ

　直流電源をつなげるためのコネクタです。専用部品を使うことで、電池などで動作させることができるようになります。

◆ ⑤レギュレータ

　電源コネクタから入力される電圧を5Vに変換するハードウェア部品です。

◆ ⑥マイコン

　マイコンは、CPUとメモリ（ROM,RAM）、ペリフェラルが一緒になっているハードウェアです。マイコンに合わせたクロス開発環境を構築することで、マイコン上でソフトウェアを動作させることができます。

マイコンのデータシートを調べる

　組込みソフトウェアを開発する前に、マイコンの中身がどうなっているかを確認します。マイコンの中の構成が分かっていないと、ソフトウェアからハードウェアを制御することができません。例えば、ソフトウェアからLEDを制御しようとした場合に、LEDをON／OFFさせるためには、どうやってハードウェアを制御するとLEDがON／OFFできるかを知っておく必要があります。

　とはいっても、基板を見ただけだとマイコンの中身はわかりません。マイコンという部品には、製品の種類を表す型番が振られています。まずは、型番からデータシートといわれるハードウェアマニュアルを入手します。

　Arduino UNOのマイコンの型番を検索しましょう。Arduino UNOとキー

ワードを検索エンジンで検索すると、ATmega328Pであることが分かります。基板の上のマイコンに書いてある型番を表すシルク印刷でも確認できます。

●マイコンチップ上のシルク印刷

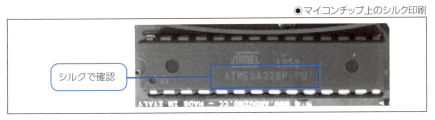

マイコンの型番がわかったら、Microchip Technology社のサイト（https://www.microchip.com/）を表示し、ATmega328Pの型番を検索します。検索結果が表示されますので、検索結果をクリックするとデータシートを入手できます。

●データシートの検索

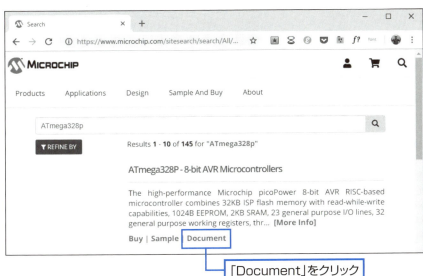

SECTION-14 ● Arduinoのハードウェアを確認する

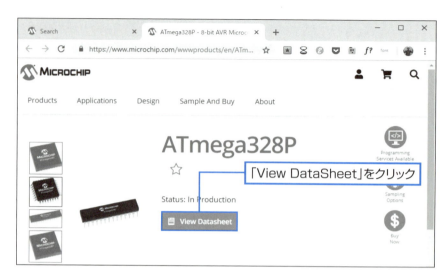

「View DataSheet」をクリック

　入手したデータシートを開いて、マイコンの構成を確認します。データシートは、海外で製造されているため、英語で書かれていますが、頑張って解読しましょう。

●データシートのPDF

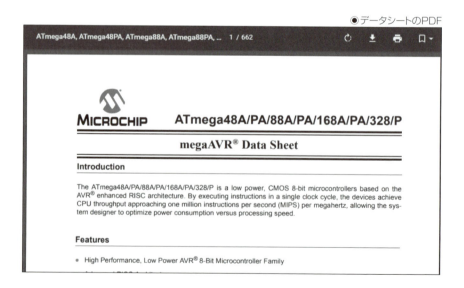

SECTION-14 ● Arduinoのハードウェアを確認する

🌐 データシートとボードを照らし合わせる

　データシートには、見ていくためのコツがあります。どの順序で見ていけばいいかわかっていれば、英語で書かれていても解読するのは難しくありません。実際にATmega328Pのマイコンのデータシートを題材に解読していきましょう。ATmega328Pを使って、LEDをON／OFFするにはどこら辺を確認するべきなのか?を題材にしてデータシートを解読してみましょう。

◆ ①基板上の構成と見比べる。

　Arduino UNOの基板上のマイコンは、コネクタを介して、ペリフェラルを制御する構成になっています。まず、コネクタとマイコンがどのように接続されているのかを把握していきます。コネクタの内側に書いてある端子ごとのシルクを頼りにして、データシートを見ていきます。

●コネクタのシルクを確認する

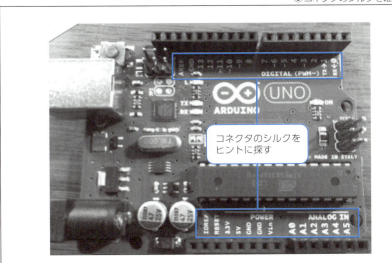

◆ ②マイコンのピン構成を見る

　コネクタのシルク名が分かったところで、データシート上のピン構成(「1. Pin Configuration」の章)を見てみます。端子名が書いてあるはずです。この名前から基板上のコネクタシルク名をデータシートで検索しながら突き合わせをしていきましょう。

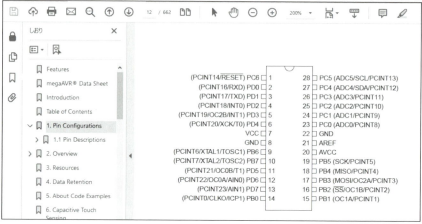

●データシートと照合する

◆ ③回路図の確認

コネクタのシルク名とデータシートの端子名だけでは、正確にコネクタとマイコンの接続がわからないと思います。Arduinoのサイトで公開されている基板の回路図も確認しましょう(https://www.arduino.cc/en/uploads/Main/Arduino_Uno_Rev3-schematic.pdf)。

回路図上の名前とシルクの名前、Pin Configurationの端子名を検索しながら突き合わせていくことで、正確な接続構成を確認することができます。

●基板の回路図と照合する

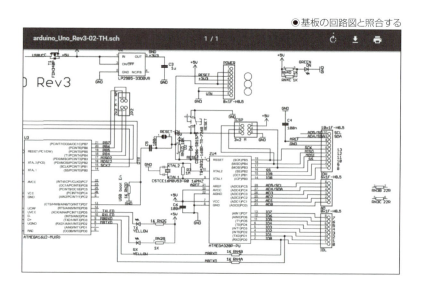

◆ ④接続の構成確認

　調査した結果から、マイコンとコネクタ間の接続イメージをまとめましょう。こうすることでハードウェア構成をより詳しく把握することができます。また、①～③の手順をいちいち最初から調べなくて済むようになるので、調べた内容をドキュメント化することを習慣づけましょう。

● 整理したコネクタ情報

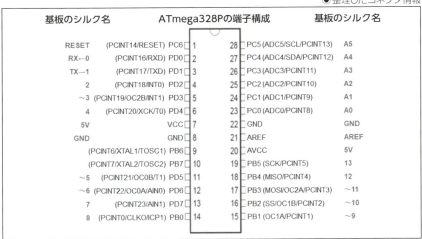

● コネクタとマイコンの配線

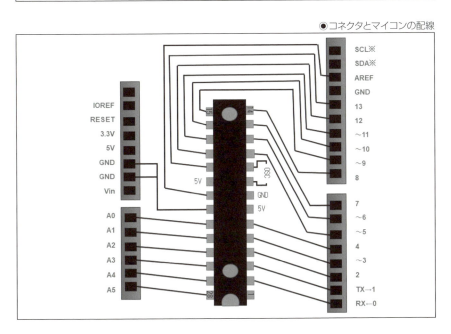

COLUMN 検索エンジンをうまく使おう!

　Googleに代表されるように、現在は検索エンジンが大変に便利になっています。検索エンジンを使うことでデータシート入手や、ハードウェア情報、ソフトウェアのプログラムなど参考にできる情報を入手することができます。上手に検索キーワードを入力して、目的の情報を見つけることも現在のエンジニアの重要なスキルです。検索エンジンとうまく付き合い、情報入手が適切、かつ速く入手できるようになりましょう。ただし調べた情報をネット上で公開する場合、著作権や使用権などには気を付けてください。無断リンクなどはルール上違反ですので、必ず書いた人に確認してからリンクなどを貼るようにしましょう。

ATmega328Pの内部構成とコネクタの関係

　コネクタとマイコンの接続がわかったところで、マイコンの内部構成を確認します。内部構成は、データシートの「2.Overview」の章に記載されています。

　「2.Overview」の「2.1 Block Diagram」の部分を確認すると、マイコン内部の構成がわかります。内部構成を見ると、CPUや、SRAM、Flash、EEPROMなどのメモリ、その他ペリフェラルを確認することができます。マイコン内部は、CPUとメモリや、CPUとペリフェラルがバスで接続されており、CPUでプログラムが実行されたときにバスを使って、該当のハードウェアに指示がだされます。また、外部のコネクタに接続されるペリフェラルからの入力もされます。内部のバスから外部の端子に信号各種がどのように接続されているかが分かると思います。

●データシートの「2.1 Block Diagram」

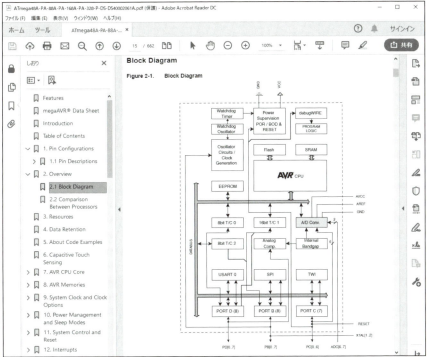

◆ ATmega328Pの内部構成

　2.Overview 2.1 Block Diagramを見ると、マイコン内部構成の概要をつかむことはできます。ただ、1つ1つが何をするためのものかは把握は難しいため、データシートをさらに読み解くことが必要になります。各ブロックの詳細は、データシートの7章以降に記載されています。詳細は、データシートをよく読んでください。ここでは、機能の概要だけを説明します。参照するべきデータシートの章番号をブロック図に書いておきます。ハードウェア機能の詳細把握に役立てればと思います。

SECTION-14 ● Arduinoのハードウェアを確認する

●マイコン内部構成（ブロックダイアグラム）

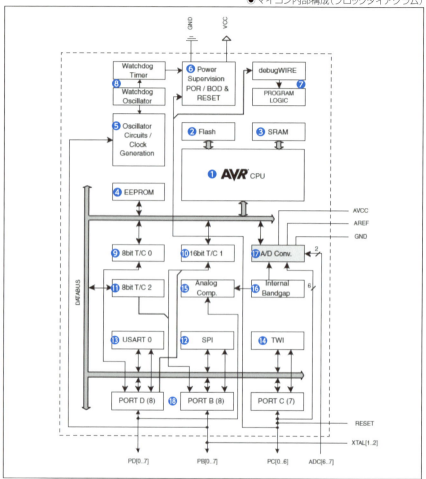

Block Diagram名	概要	データシート参照章番号
❶AVR CPU	CPU。Flashメモリから命令を読み込み、データの演算や加工をして、各ペリフェラル回路に送る。	7. AVR CPU Coreの章参照
❷Flash	プログラムの命令を格納する。電源が切れても消えないメモリ。32Kバイト分の容量がある。	8.AVR Memoriesの章参照
❸SRAM	プログラムで使用するデータを格納する。電源が入っている間だけ保存される。1Kバイト分の容量がある。	同上
❹EEPROM	プログラムで使用するデータを格納する。電源が切れても消えないメモリ。2Kバイト分の容量がある。	同上

SECTION-14 ● Arduinoのハードウェアを確認する

❺Oscillator Circuts/Clock Generation	クロックの基となる信号を発生させて、クロックを生成して各回路に送る。	9. System Clock and Clock Optionsの章参照
❻Power Supervision POR/BOD & RESET	電源モードの制御、リセット信号の制御を行う。	10.Power Management and Sleep Mode, 11.System Control and Resetの章参照
❼debugWIRE PROGRAM LOGIC	マイコン内部の状態を外部から見れるようにする。	25.debug WIRE On-chip Debug System参照

　ここまでがマイコンの主要な機能とメモリの説明です。以降はマイコン内部のペリフェラルとしての機能となります。小さいチップですが、多くのペリフェラル機能が実装されており、外部のコネクタと拡張ボードを使うことで、多種の回路を制御できるようになっています。

Block Diagram名	概要	データシート参照章番号
❽Watchdog Timer/Watchdog Oscillator	プログラムの異常動作、ハードウェアの異常動作を検出して、CPUをリセットする。	11.6 Watchdog System Reset, 11.8 Watchdog Timerの章参照
❾8bit T/C 0	8bit（1〜255まで）のカウントをするタイマ。PWM（Pluse Width Modulator）の機能も持っている。	15.8-bit Timer/Counter0 with PWM, 17.Timer/Counter0 and Timer/Counter1 Prescalersの章参照
❿16bit T/C 1	16bit（1〜65535まで）のカウントをするタイマ。PWMの機能も持っている。	16.16-bit Timer/Counter1 with PWM, 17.Timer/Counter0 and Timer/Counter1 Prescalersの章参照
⓫8bit T/C 2	8bit（1〜255まで）のカウントをするタイマ。PWMの機能も持っている。	18.8-bit Timer/Counter2 with PWMの章参照
⓬SPI	Serial Peripheral Interface。外部ペリフェラルとの通信を行う。	19.SPI-Serial Peripheral Interfaceの章参照。
⓭USART 0	Universal Synchronous and Asynchronous serial Receiver and Transmitter。外部ペリフェラルとシリアル通信を行う。	20.USART0, 21.USART in SPI Modeの章参照

⑭TWI	Tow Wire serial Interface。2線式の同期したシリアル通信を行う。	22.2-wire Serial Interfaceの章参照
⑮Analog Comp.	アナログデータを取り込むときに基準となる電圧との比較をする。	23.Analog Comparatorの章参照
⑯Internal Bandgap	アナログデータを取り込むための基準電圧1.1Vを作る。	24.5.2 ADC Voltage Referenceの章参照
⑰A/D Conv.	アナログ信号→デジタル信号の変換をする。	24.Analog-to-Digital Converterの章参照
⑱PORT D(8), PORT B(8), PORT C(7)	外部コネクタとマイコン内部のハードウェアとの信号の入出力を制御する。	14.I/O-Portsの章参照

SECTION-15

LEDをON／OFFする実験

● LED実験の概要

　実際の題材を作りながら、内部からどのような制御をすると外部のハードウェアを操作できるかを体感していきましょう。ここでは、外部のコネクタに拡張ボードを接続した上で、LEDをON／OFFさせるための回路を実際に構成して、マイコン内部からどうやって制御するとLEDがON／OFFできるかを考えます。

　Arduino UNO以外に拡張ボード（ブレッドボード）やLED、抵抗などのパーツが必要となります。Arduino UNOと各種実験用パーツがセットになったものも販売されているので、入手しやすいものを探してみてください。

●完成イメージ

● LEDの接続

　LEDの部品を見ると、足が長い端子と足の短い端子があるのがわかります。長いほうは、アノードで+の極性となります。短いほうは、カソードで-の

極性となります。一般的にLEDを制御する場合には、LEDに過電流がかからないように、電圧をかけるほうに電流制限抵抗として抵抗を入れるような回路になります。この回路を拡張ボード上に実装しましょう。

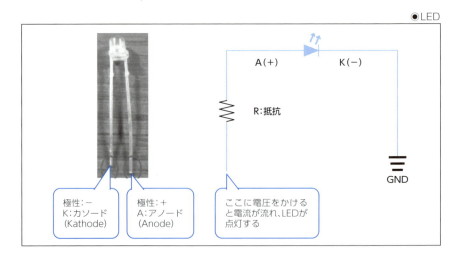

●LED

筆者はArdino UNOに付属しているLEDを使ったので、抵抗は220Ωのものを使いました。実際には、使用するLEDデータシートを確認して、実際に適切な抵抗値を算出することをおすすめします。

> **COLUMN**
> **LEDの抵抗値の算出方法**
>
> LEDのデータシートを入手したら、耐えられる最高の電流値と順方向電圧（VF）を探しましょう。この2つの値がわかれば、オームの法則を使って、「R=(V-VF)/I」の計算式で必要な抵抗値を算出できます。Vは実際に使う電圧値です。Arduino UNOの場合、V=5V、VF=2V、I=20mA前後になるので、抵抗値は、大体150Ωの抵抗があれば問題ないと思います。手元にある抵抗で近い値のものを使えば問題ありません。

回路の接続構成は、以下のようになっています。この接続構成でLEDがON／OFFするのか、順にデータシートを使って制御内容を確認していきましょう。

SECTION-15 ● LEDをON／OFFする実験

●接続構成

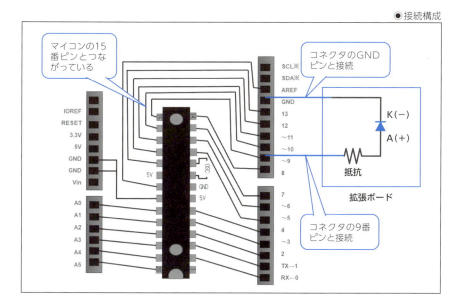

ATmega328Pの15番ピンは、コネクタの～9ピンに接続されています。コネクタの～9ピンを拡張ボード側の抵抗と接続して、LEDのアノード（A(＋)）と接続します。LEDのカソード（K(－)）側は、コネクタのGNDピンと接続します。これで、ATmega328Pの15番ピンからHigh(1)／Low(0)の信号が出力できれば、LEDをON／OFFすることができます。

●ブレッドボードの配線

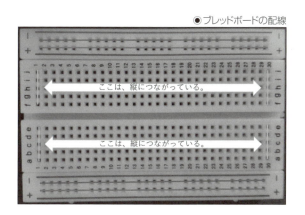

拡張ボードは、Arduino用のブレッドボードを使います。＋（赤の線）、－（青の線）は、横に接続されています。abcdeとfghijとなっている部分は、a⇔e、 f⇔jと縦にしかつながっていません。abcdeから、fghijを接続するには、ジャンパー線が必要になります。

●拡張ボード上の接続例

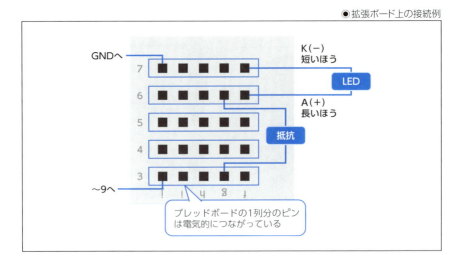

点滅プログラムを作成する

　実際にプログラムを作成して、拡張ボード上のLEDをON／OFFしてみましょう。テキストエディターで以下のサンプルプログラムを入力してください。ATmega328Pのピンの初期設定を行い、High(1)／Low(0)信号を出力することで、LEDをON／OFFさせ、for文を使ってタイミングを取り点滅させるプログラムです。

●led_for.c

```
#include <avr/io.h>

int main()
{
    int i,j;
    DDRB |= (1 << PB1); //ATmega328Pのピンの初期設定をする

    while(1)
    {
        PORTB ^= (1 << PB1);    //ATmega328Pのピンから信号を出力
        for(i=0; i<10; i++){    //for文を使ってタイミングを取る
            for(j=0; j<10000; j++);
        }
```

```
    }
}
```

　プログラム内のDDRB、PORTB、PB1というキーワードに注目してください。DDRBの部分は、ピンの初期設定で、PORTBの部分が実際にHigh(1)/Low(0)をポートに出力する部分です。対象になるポートがどのポートになるのかは、ピン構成を確認することで判断することができます。コネクタの図を確認すると、15番ピンの部分にPB1という記載があることがわかります。

●15番ピンがPB1であることを確認

基板のシルク名	ATmega328Pの端子構成	基板のシルク名
RESET	(PCINT14/RESET) PC6 ☐ 1　28 ☐ PC5 (ADC5/SCL/PCINT13)	A5
RX←0	(PCINT16/RXD) PD0 ☐ 2　27 ☐ PC4 (ADC4/SDA/PCINT12)	A4
TX→1	(PCINT17/TXD) PD1 ☐ 3　26 ☐ PC3 (ADC3/PCINT11)	A3
2	(PCINT18/INT0) PD2 ☐ 4　25 ☐ PC2 (ADC2/PCINT10)	A2
～3	(PCINT19/OC2B/INT1) PD3 ☐ 5　24 ☐ PC1 (ADC1/PCINT9)	A1
4	(PCINT20/XCK/T0) PD4 ☐ 6　23 ☐ PC0 (ADC0/PCINT8)	A0
5V	VCC ☐ 7　22 ☐ GND	GND
GND	GND ☐ 8　21 ☐ AREF	AREF
	(PCINT6/XTAL1/TOSC1) PB6 ☐ 9　20 ☐ AVCC	5V
	(PCINT7/XTAL2/TOSC2) PB7 ☐ 10　19 ☐ PB5 (SCK/PCINT5)	13
～5	(PCINT21/OC0B/T1) PD5 ☐ 11　18 ☐ PB4 (MISO/PCINT4)	12
～6	(PCINT22/OC0A/AIN0) PD6 ☐ 12　17 ☐ PB3 (MOSI/OC2A/PCINT3)	～11
7	(PCINT23/AIN1) PD7 ☐ 13　16 ☐ PB2 (SS/OC1B/PCINT2)	～10
8	(PCINT0/CLKO/ICP1) PB0 ☐ 14　15 ☐ PB1 (OC1A/PCINT1)	～9

15番ピンのPB1とコネクタの～9がつながっている

　DDRB、PORTB、PB1がどのようなもので、実際に何をするとLEDを制御できるのか、データシートで確認していきます。I/O Portの制御は、データシートの「14.I/O-Ports」の章に制御方法が記載されています。「14.2 Ports as General I/O」の章を見ると、ATmega328Pの1つのピンの中に構成されている回路が載っています。GPIOといわれるI/Oピンの制御をすることになります。

SECTION-15 ● LEDをON／OFFする実験

●データシートの「14.2 Ports as General I/O」

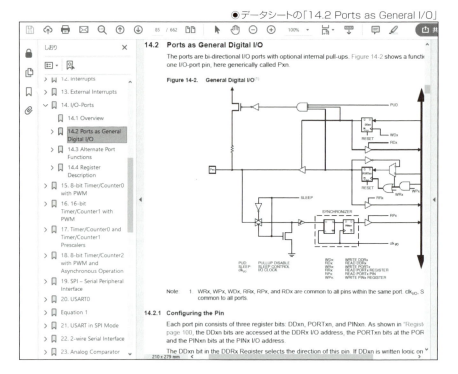

14.2 Ports as General I/Oの章を見ると、CPUとの接続は、データバス（DATA BUS）にて接続されていることがわかります。最終的には、Pxnに信号出力をするためには、DDxn,PORTxnとなっている個所に設定することが読み取れます。目的としては、ATmega328Pの15番ピンから信号を出力したいので、ATmega328P→拡張ボードに対しての書き込み（Write）となります。Portの設定としては、書き込み（Write）ができるように設定をすることになります。

設定方法に関しては、14.2.1 Configuring the Pinの章に記載があり、最終的には、Register Description on Page 100を見ることになりますが、14.2.1の文章を見てみましょう。

「The DDxn bit in the DDRx Register selects of this pin. If DDxn is written logic one, Pxn is configured as an output pin. If DDxn is written logic zero, Pxn is configured as an input pin.」の部分を読んでみると、DDxnに"1"を書き込むと出力、DDxnに"0"を書き込む

と入力になることがわかります。

「If PORTxn is written logic one when the pin is configured as an output pin, the port pin is driven high (one). If PORTxn is written logic zero when the pin is configured as an output pin, the port pin is driven low (zero).」の部分を読んでみると、PORTxnに"1"を書き込むとHigh(1)が出力され、PORTxnに"0"を書き込むとLow(0)が出力されることがわかります。

文章だけだとわかりにくいかと思いますので、さらにデータシートを読み進めましょう。「14.2.3 Switch Between Input and Output」の章を見てみましょう。この章の「Table 14-1 Port Pin Configurations」に、DDxnとPORTxnの設定の組み合わせで何が起きるのかがまとめられています。今回の目的としては、ATmega328Pの15番ピン(PB1)からHigh(1)/Low(0)を出力したいので、Table 14-1のI/Oの欄がOutputになっている設定を利用すればいいことになります。

●データシートの「Table 14-1 Port Pin Configurations」

DDxn	PORTxn	PUD (in MCUCR)	I/O	Pull-up	Comment
0	0	X	Input	No	Tri-state (Hi-Z)
0	1	0	Input	Yes	Pxn will source current if ext. pulled low.
0	1	1	Input	No	Tri-state (Hi-Z)
1	0	X	Output	No	Output Low (Sink)
1	1	X	Output	No	Output High (Source)

ATmega328Pのピン構成から、15番ピンはPB1であることがわかっています。ここでブロックダイアグラムを照らし合わせると、PORTにはD、B、Cの3種類があり、PB[0...7]はPORT Bであることが確認できます。

●ブロックダイアグラム

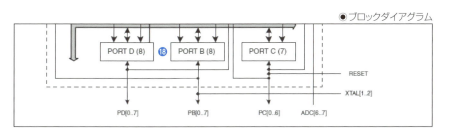

SECTION-15 ● LEDをON／OFFする実験

　今回のLED制御においては、PORT Bを対象に制御が必要になることがわかります。プログラムに戻り、実際の制御方法を確認しましょう。

●led_for.c

```
#include <avr/io.h>

int main()
{
    int i,j;
    DDRB |= (1 << PB1);  //ATmega328Pのピンの初期設定をする

    while(1)
    {
        PORTB ^= (1 << PB1);     //ATmega328Pのピンから信号を出力
        for(i=0; i<10; i++){     //for文を使ってタイミングを取る
            for(j=0; j<10000; j++);
        }
    }
}
```

　LED制御のプログラムを見ると、DDRBとPORTBに書き込みを行っています。DDRBとPORTBはレジスタです。レジスタの仕様は「14.4 Register Description」の章に記載されています。

●データシートの「14.4 Register Description」

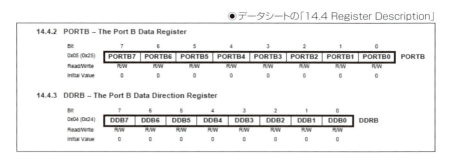

　LED制御のプログラムでは、PB1の場所に書き込みを行っています。対象となるbit位置は、1bit目となります。プログラムでは、DDRBレジスタの1bit目に1を書き込み、出力設定を初期設定として行い、PORTBレジスタの1bit目をHigh(1)/Low(0)と交互に書き込めるように論理演算のxorを使って書き込むことで、High(1)/Low(0)と変化させています。

SECTION-15 ● LEDをON／OFFする実験

動作確認

実際にビルドを行って、Arduino UNOと拡張ボードを使って動作を確認してみましょう。

◆ ①ビルドの手順

ビルドを実行して、elf形式のファイルを作成します。最適化オプションを付けるとfor文がなくなりますので、オプションなしでビルドします。

```
avr-gcc -g -mmcu=atmega328p led_for.c -o lef_for.elf
```

◆ ②HEXファイルの作成

Arduino UNOのARmega328Pに転送するためのHEXファイルを作成します。

```
avr-objcopy -I elf32-avr -O ihex led_for.elf led_for.hex
```

◆ ③Arduino UNOボードへの転送

作成したHEXファイルをArduino UNOのATmega328Pに転送します。転送する場合は、ビルドしたパソコンとArduino UNOボードをUSBケーブルで接続することを忘れないようにしてください。

-Cオプションで指定するavrdude.confというファイルの場所はインストール環境によって異なります。ファイルの場所を調べて指定してください。-Pオプションで指定したポートでうまく通信できない場合は、Appendixの開発環境のインストールを再度確認してください（P.252参照）。

```
avrdude -CC:\Users\ユーザーフォルダ\arduino-1.8.8\hardware\tools\avr\etc\avrdude.conf -v -patmega328p -carduino -PCOM3 -b115200 -D -Uflash:w:led_for.hex:i
```

※「-PCOM3」の部分で指定するポートは、実際の環境に合わせて指定すること。

SECTION-15 ● LEDをON／OFFする実験

●Windowsのコマンドプロンプトでの実行例

```
C:\Users\ohtsu\Documents\kumikomi>avr-gcc -g -mmcu=atmega328p led_for.c -o lef_for.elf

C:\Users\ohtsu\Documents\kumikomi>avr-objcopy -I elf32-avr -O ihex led_for.elf led_for.hex

C:\Users\ohtsu\Documents\kumikomi>avrdude -CC:\Users\ohtsu\arduino-1.8.8\hardware\tools\avr\etc\avrdude.conf
328p -carduino -PCOM3 -b115200 -D -Uflash:w:led_for.hex:i

avrdude: Version 6.3-20171130
         Copyright (c) 2000-2005 Brian Dean, http://www.bdmicro.com/
         Copyright (c) 2007-2014 Joerg Wunsch

         System wide configuration file is "C:\Users\ohtsu\arduino-1.8.8\hardware\tools\avr\etc\avrdude.conf"

         Using Port            : COM3
         Using Programmer      : arduino
         Overriding Baud Rate  : 115200
         AVR Part              : ATmega328P
         Chip Erase delay      : 9000 us
         PAGEL                 : PD7
         BS2                   : PC2
         RESET disposition     : dedicated
         RETRY pulse           : SCK
         serial program mode   : yes
         parallel program mode : yes

Reading | ################################################## | 100% 0.04s

avrdude: verifying ...
avrdude: 234 bytes of flash verified

avrdude: safemode: lfuse reads as 0
avrdude: safemode: hfuse reads as 0
avrdude: safemode: efuse reads as 0
avrdude: safemode: Fuses OK (E:00, H:00, L:00)

avrdude done.  Thank you.

C:\Users\ohtsu\Documents\kumikomi>_
```

◆ ④動作結果

　転送が正常に終わると、LEDが点滅するはずです。点滅はArduino UNOの電源が入っている間はずっと続きます。USBケーブルを抜けば、プログラムは止まります。また、新たなプログラムを転送すれば動作も変わることになります。

●LEDの点滅を確認

SECTION-16

LED実験プログラムを理解する

◉ CPUから見た場合のレジスタ制御

　ATmega328Pの場合、CPUからのレジスタ制御はI/OマップドI/Oとなります。C言語などの高級言語では意識しませんが、アセンブラ言語で利用する命令を変えることで、アクセスするメモリ空間を切り替えています。

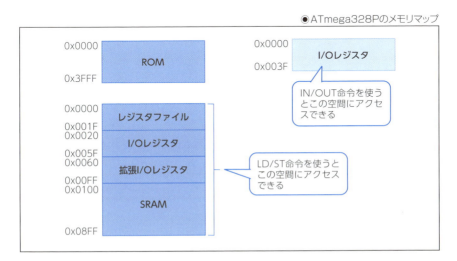

●ATmega328Pのメモリマップ

◉ アセンブラで確認

　LED制御プログラムをアセンブラで確認してみます。実際にCPUからどうやって制御されているのかを確認しましょう。

　DDRBレジスタ、PORTBレジスタを制御する部分を題材に内容を確認してみます。先ほど作成したELFファイル形式のファイルから、アセンブラコードを作成します。

◆ アセンブラコードの作成

　avr-objdumpというコマンドを利用して、ELFファイル形式からアセンブラコードを抽出します。ビルド時に-gオプションを付けておくと、C言語の部分も一緒に吐き出してくれているので、アセンブラを読む際に便利です。

SECTION-16 ● LED実験プログラムを理解する

```
avr-objdump -S led_for.elf >led_for.s
```

objdumpした内容を確認します。DDRBレジスタの部分だけに着目して、レジスタ制御にてLEDがON／OFFできるのかを確認します。

●led_for.s
```
DDRB |= (1 << PB1); //ATmega328Pのピンの初期設定をする
8c: 84 e2       ldi   r24, 0x24 ; 36
8e: 90 e0       ldi   r25, 0x00 ; 0
90: 24 e2       ldi   r18, 0x24 ; 36
92: 30 e0       ldi   r19, 0x00 ; 0
94: f9 01       movw  r30, r18
96: 20 81       ld    r18, Z
98: 22 60       ori   r18, 0x02 ; 2
9a: fc 01       movw  r30, r24
9c: 20 83       st    Z, r18
```

アセンブラを見ると、r25とかr24、r18などとなっている個所があります。これはCPUに内蔵されているレジスタです。ATmega328Pのデータシート「7.AVR CPU Core」の章のOverviewを見ると、レジスタが内蔵されていることがわかります。

●データシートの「7.AVR CPU Core」

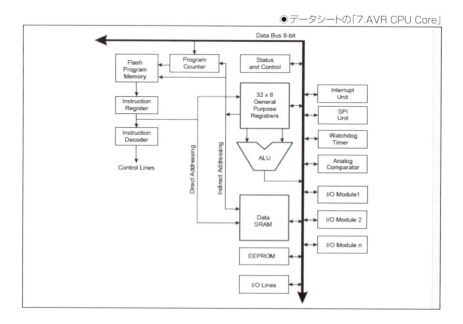

SECTION-16 ● LED実験プログラムを理解する

　このレジスタは、r00～r31まであり、CPUがプログラムを実行する際に利用します。r26～r31までは、特殊な使い方ができるX,Y,Zのレジスタと定義されていて、間接的なアドレス指定ができるようになっています。

●データシートの「Figure 7-2. AVR CPU General Purpose Working Registers」

	7	0	Addr.	
	R0		0x00	
	R1		0x01	
	R2		0x02	
	...			
	R13		0x0D	
General	R14		0x0E	
Purpose	R15		0x0F	
Working	R16		0x10	
Registers	R17		0x11	
	...			
	R26		0x1A	X-register Low Byte
	R27		0x1B	X-register High Byte
	R28		0x1C	Y-register Low Byte
	R29		0x1D	Y-register High Byte
	R30		0x1E	Z-register Low Byte
	R31		0x1F	Z-register High Byte

　X,Y,Zレジスタは、データバスを使って、CPU外部にあるペリフェラルのアドレスを指定する際に利用できるようになっています。

　続いてポートの制御部分で使われているアセンブリ言語の命令を見ていきましょう。

◆ ①ldi命令

　r24 ← 0x24というように、即値（immediate value）をレジスタに書き込みます。DDRBレジスタ制御の最初の4行は、それぞれ、r24,r25とr18,r19に0x0024という値を書き込んでいます。

```
ldi r24, 0x24
ldi r25, 0x00
ldi r18, 0x24
ldi r19, 0x00
```

◆ ②movw命令

word（16bit）幅でレジスタ間のデータコピーを行う命令です。r30 ← r18という指定ですが、実際にはr30,r31 ← r18,r19という書き込みになり、0x0024がr30,r31に転送されることなります。r30,r31はZレジスタの領域であるため、Zレジスタの設定となっています。

```
movw r30, r18
```

◆ ③ld命令

r18 ← Zとなっていますが、実際には、Zレジスタに書き込まれている値の間接アドレッシングを実行しています。Zレジスタの内容は0x0024であるため、0x0024番地の値がr18レジスタに書き込まれます。

```
ld r18, Z
```

◆ ④ori命令

r18の内容で論理演算のORを実行します。0x0024から読み取った値に0x02をORします。

```
ori r18, 0x02
```

◆ ⑤movw命令

先ほども出てきましたが、r30,r31 ← r24,r25の書き込みを行います。r30,r31は、Zレジスタ領域となっているため、0x0024がZレジスタに書き込まれたことになります。

```
movw r30, r24
```

◆ ⑥st命令

Zレジスタ ← r18となっていますが、Zレジスタは間接アドレッシングとなるため、0x0024番地にr18の値を書き込むことになります。つまり

0x0024番地にori命令で実行した結果を書き込んだことになります。

```
st Z, r18
```

つまり、DDRB制御の部分は、0x0024番地にあるレジスタに値を書き込んでいることがわかります。PORTB制御の部分も見てみると同じように0x0025番地に値を書き込んでいることがわかります。

●led_for.s

```
while(1)
{
    PORTB ^= (1 << PB1);    //ATmega328Pのピンから信号を出力
9e: 85 e2        ldi r24, 0x25 ; 37
a0: 90 e0        ldi r25, 0x00 ; 0
a2: 25 e2        ldi r18, 0x25 ; 37
a4: 30 e0        ldi r19, 0x00 ; 0
a6: f9 01        movw r30, r18
a8: 30 81        ld r19, Z
aa: 22 e0        ldi r18, 0x02 ; 2
ac: 23 27        eor r18, r19
ae: fc 01        movw r30, r24
b0: 20 83        st Z, r18
```

ここで再びデータシートの「14.4 Register Description」を確認してみると、DDRBレジスタは0x0024番地、PORTBレジスタは0x0025番地となっていることがわかります。

●データシートの「14.4 Register Description」

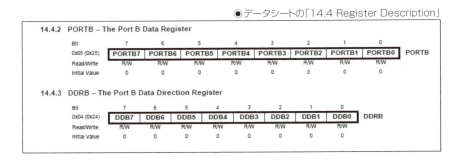

整理すると、CPUから見たときのイメージとして、以下のような制御を行っていることになります。内蔵のレジスタを使って、DDRB,PORTBのレジスタ

アドレスを格納しておき、Zレジスタに対しデータバスを使って、CPU外部のペリフェラルを制御していることがわかります。

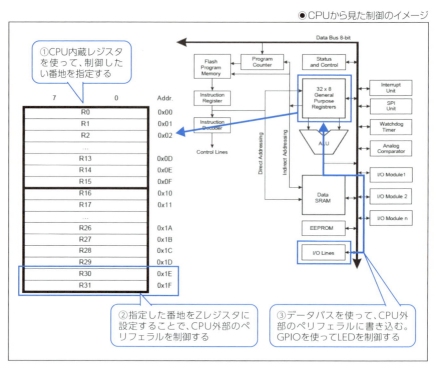

●CPUから見た制御のイメージ

CPUが外部ペリフェラルをどのように制御しているのか？を把握するには、アセンブラ言語の命令を理解しなければならないことが理解できたと思います。アセンブラ言語は、普段は見慣れない言語ですが、デバッグ時の問題解析には必須となるスキルですので、ぜひ理解しておきたいところです。

SECTION-17

LED点滅の時間を指定する

　最初に紹介したLED ON／OFFのプログラムは、for文を使って点滅のタイミングを制御していました。for文を使った場合は繰り返す回数や実行される命令のクロック数などで変わってくるため、きちんと計算しないと時間を割り出すことが難しくなります。また、ビルド時の最適化オプションも使えないので、使い勝手としてはあまりよくないともいえます。

　そこで、ビルド時の最適化オプションが使えて、簡単に時間指定ができるようにプログラムを改版してみます。

◆ delay処理の利用

　for文を使わずに、LEDの点滅タイミングを_delay_ms()を使って実現してみます。プログラムは、以下のようになります。delayの処理は、組込み機器では、外部ペリフェラルとのタイミングを待ったり、時間調整したりと、頻繁に使われる処理ですので、利用方法は把握しておきたいところです。

　led_for.cを修正してled_delay.cを作成します。DDRB,PORTBレジスタの制御部分は変更ありません。

●led_delay.c

```c
#define F_CPU 1000000UL

#include <avr/io.h>
#include <util/delay.h>

int main()
{
    DDRB |= (1 << PB1);

    while(1)
    {
        PORTB ^= (1 << PB1);

        _delay_ms(500);    //500ms遅延
    }
}
```

SECTION-17 ● LED点滅の時間を指定する

◆ ①F_CPUの部分

　これは、ATmega328PのCPUコアの動作クロックを1MHz（1秒に100万回）として定義しています。_delay_ms()の中で使われる定義となります。

◆ ②delay.hの部分

　_delay_ms()関数が定義されているインクルードファイルとなります。

◆ ③_delay_ms(500)の部分

　_delay_ms()に500という値を渡し、500[ms]間ループする処理を実行してもらい、500[ms]後に、PORTBレジスタの制御に戻るようになります。

　ループするのでは、for文と同じように思えますが、先に説明したようにfor文の場合は、展開されたアセンブラ命令数や命令の動作クロックなどを自分で計算してループ回数を割り出すことが必要になり、手軽に使える処理とはいえません。一方、_delay_ms()関数は、タイミングを取ることに特化して作られているので、手軽に使えます。また、時間の精度も指定した値通りになるので、タイミングを正確に取れます。

　実際に動作させてみましょう。

◆ ①ビルドの手順

　ビルドを実行して、elfファイルを作成します。_delay_ms()を使う場合は、最適オプションを付けないとwarningメッセージが出力されます。_delay_ms()は、最適オプションを付けることで、タイミングの正確性が向上できます。

```
avr-gcc -Os -Wall -g -mmcu=atmega328p led_delay.c -o led_delay.elf
```

◆ ②HEXファイルの作成

　Arduino UNOのARmega328Pに転送するためのHEXファイルを作成します。

```
avr-objcopy -I elf32-avr -O ihex led_delay.elf led_delay.hex
```

◆ ③Arduino UNOボードへの転送

作成したHEXファイルをArduino UNOのATmega328Pに転送します。転送する場合は、ビルドのPCとArduino UNOボードをUSBケーブルで接続することを忘れないようにしてください。

```
avrdude -CC:\Users\ユーザーフォルダ\arduino-1.8.8\hardware\tools\avr\etc\
avrdude.conf -v -patmega328p -carduino -PCOM3 -b115200 -D -Uflash:w:led_delay.
hex:i
```

◆ ④動作結果

転送が正常に終わると、LEDが点滅するはずです。for文でのLED点滅とは違って、タイミングが一定間隔でゆっくりと点滅していると思います。

●LEDの点滅

🌐 タイマーの利用

　for文を利用した場合に得られるのはループ回数を実行した時間でしかなく、正確な時間ではない可能性があります。これはCPUが実行する命令によって実行時間が違うので、処理によっては、待ち時間がまちまちになることもあるからです。for文などで待つ時間を正確にするには、CPUの命令実行時間を把握して、実行時間に合わせた命令の実行を算出した上で、ループ処理を

考える必要があります。

_delay_ms()関数は、より実時間に近くなるようライブラリとして提供されています。for文や_delay_ms()関数の待ち処理は、今回の題材のようにLED点滅だけを行う処理だけでCPUを占有して良い処理であれば有効ですが、複数の処理を行う場合には向いていません。

複数の処理を行いたい場合や、正確な時間を計測したい場合に適しているのは、ハードウェアに用意されているタイマーです。タイマーを使えば正確な時間で処理でき、待っている間に違う処理も行えるためCPUの使用率を上げることができます。なるべく最初からタイマーを使うようにしていく方が良いと思います。

> **COLUMN**
> ### Arduinoのライセンス
>
> 　Arduinoのライセンスは、GPL(GNU General Public License)や、クリエイティブ・コモンズ・ライセンスに基づいて公開されています。
>
> 　GPLは、フリーソフトウェアにおいて取り決められたもので、著作権を保持したまますべての人が利用、再配布、改変できます。2次的な著作物(元の著作区物を参考にしたり、改変したりした著作物)にも適用されるというライセンス形態になっています。
>
> 　GPLは、フリーソフトウェアの権利の曖昧さをなくすために、問題を明確にし、みんなが共有できるようにするためのライセンスともいえます。
>
> 　クリエイティブ・コモンズ・ライセンスは、ソフトウェアに限らないすべての著作物に対して、著作権の権利を保護しながら、著作物を開示するライセンス(使用許諾)を指しています。従来の「許可なく利用を禁ず」と、保護期間が切れたり、権利を放棄したりした「パブリックドメイン」の中間に位置し、著作者がいろいろなバリエーションの権利を決めることができるライセンス形態になっています。

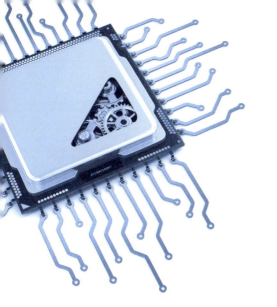

CHAPTER 05
リアルタイムOS

 本章の概要

　本章では、組込み機器で利用されるリアルタイムOS(Operating System)を説明します。組込み機器で様々な機能を実現させるには、OSを採用しハードウェアを効率良く制御する必要があります。組込み機器で利用されるOSの機能について理解しておきましょう。

SECTION-18

組込み機器のOS

◉ OS(Operating System)とは

　OSとは、プログラムの実行管理をするソフトウェアです。プログラムを開始したり、停止したり、終了したりと、同時に複数のプログラムを動作させるために利用されます。「同時に動作させる」といっても、単一マイコンは最近のパソコンと違いシングルコアのCPUなので、ある時点では1つのプログラムしか動作させられません。動作していないプログラムは「すぐ動作できる待機状態にある」と思ってください。

◆ 時間制約って何？

　OSの説明の前に、組込み機器が持つ時間制約について説明します。時間制約には実行開始のタイミングや、何時までに処理を完了させるかがあります。実行開始のタイミングには、周期的なものと非周期的なものがあります。「処理を完了させる」とは、入力データを受けて出力データを出すまでの処理を完了させることです。組込み機器が利用される用途によって、時間制約は変わってきます。

　組込み機器の多くでは、プログラムの複数の機能が並行してサービスを提供していくため、切り替え処理が必要になってきます。時間制約を満たしながら複数の機能を切り替えて処理を行っていくためには、OSが必要になってくるのです。

◆ 汎用OSとRTOS

　OSには汎用OSとRTOS(リアルタイムOS)があります。汎用OSとRTOSでは、時間管理の方法が違っています。RTOSは、決められた時間(リアルタイム)を守ることを目的にスケジューリングが実行されます。例えば、デジタルカメラ機能という1つの目的のために時間、優先度を決めて、複数のタスクが動作します。

　一方、汎用OSは処理ごとに時間を分け合いながらスケジューリングしていきます。通常RTOSより汎用OSの方が高機能ですが、汎用OSは多数の機能に時間を平等に与えるため、処理時間に制約がありません。例えばLinux、

Windowsに代表されるOSのようにメール、ネットサーフィンやドキュメント作成、ゲームなどの機能を同時に、平等に時間を分け合いながら実行できます。このため「ゲームを単独で動かしていると画面が1秒間に30回更新されるが、多数のアプリケーションを起動しながらゲームを動かすと1秒間に10回程度まで更新頻度が落ちる」こともあるのです。

RTOSのスケジュール方式はイベントドリブン型、汎用OSのスケジュール方式はTSS(Time Sharing System)方式などと呼ばれます。

◆ 組込み機器のOS

組込み機器は、用途によってハードウェア構成が異なります。マイコンや割り込みコントローラなどの制御をするための「最低限の構成」を前提にして「最小限の機能」を提供します。

こうした組込み機器に求められる時間制約を満たすには、対応する機能を持っているOS=組込みOSが必要になります。

組込みOSが必要な理由

何故、組込みOSが必要になるのでしょう。一番の理由は「組込みOSがあるとハードウェアを時間で効率良く使えるから」です。この理由について、組込み機器のプログラムを使って具体的に解説していきます。プログラムの一番の目的は「0.5秒ごとにLEDを点灯、滅灯させる」ことです。

◆ OSなしのプログラム1

まず、OSなしでプログラムを組んでみましょう。LEDを点灯、滅灯させる処理は、無限ループの中に記述しておきます。具体的には0.5秒経過したかをチェックし、経過していればtask_led()を呼び出しています。task_led()は点灯フラグが立っていなければLEDを点灯させ、点灯フラグが立っていればLEDを滅灯させる関数です。

無限ループでは続けてシリアルポートからデータを受信したかチェック、データが届いていればtask_console()を呼び出し、処理を1回だけ実行します。

●OSなしのプログラム1

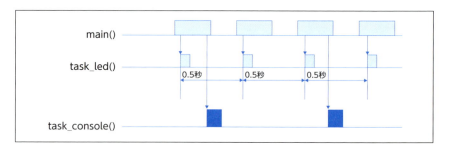

　0.5秒ごとにLEDを点滅させる処理のみ実行する場合、OSがなくても時間制約を守って正しく動作します。

◆ OSなしのプログラム2

　同じプログラムに、さらなるLED制御機能やパソコンから組込み機器の状態を操作する機能も盛り込むことになりました。task_led()に追加の処理を記述し、UART（P.37参照）を使ったコンソール処理を行うtask_console()を追加します。

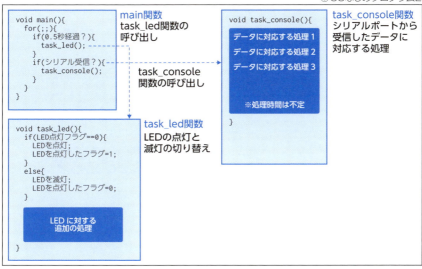

●OSなしのプログラム2

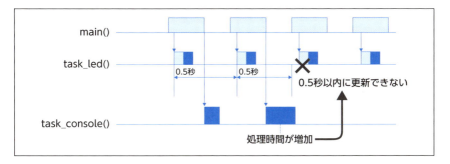

　無限ループ内にUARTでの処理が追加され、処理時間が増えたことで「if(0.5秒経過？)」の実行間隔が0.5秒を超え、プログラムの一番の目的である「LEDの0.5秒ごとの点滅」が実行されないケースが発生してしまいました。

◆ OSを使って時間制約を守る

　LEDを0.5秒ごとに点滅させる処理をいかなる場合でも正しく動作させるためには、シリアルコンソールの処理とLED処理を分けて時間分割し、優先度を付けて、正しく時間制約が守れるようにスケジューリングする機能が必要になります。この役割を担うのがOSです。

　OSを使うための準備を整えると、先ほどのOSなしでは時間が守れないよ

うな処理も、確実にスケジューリングしてくれるようになります。

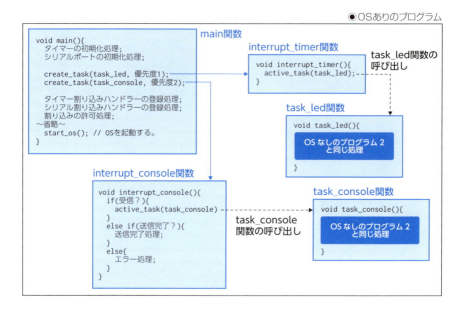

●OSありのプログラム

　OSを使うための準備とはすなわち、タスクと割り込みハンドラーの登録です。

　下準備として、組込み機器のタイマーとシリアルポートを初期化しておきます。タイマーは0.5秒周期で割り込みが発生するよう、シリアルポートは送信か受信が発生したときに割り込みが発生するよう初期化します。

　続いてタスクの登録です。task_led()処理とtask_console()処理を、それぞれ1つのタスクとして登録します。

　タスクを登録したら、割り込みハンドラーを登録します。タイマー用の割り込みハンドラーは、task_led()タスクを呼び出すよう登録しておきます。シリアル用の割り込みハンドラーは、task_console()タスクを呼び出すよう登録しておきます。

　以降はOSが割り込みを管理します。割り込みが発生すると、割り込みハンドラーから該当のタスクが呼び出されます。なお、組込み機器でOSを利用する場合には、処理に合わせた優先度の設定も必要です。ここでは、task_led()タスクの優先度をtask_console()タスクより高く設定しています。

●OSありのプログラムの動作

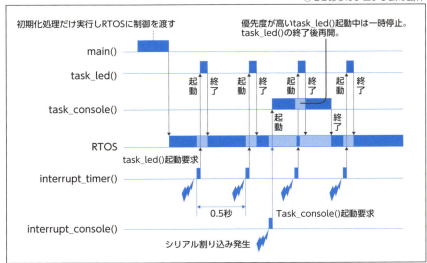

図の例では、task_led()タスクはタイマー割り込みをきっかけに0.5秒間隔に実行されます。task_console()タスクと重なった場合でも、OSが各処理の優先度を見て、優先度が高いtask_led()タスクを実行してくれます。task_led()タスクの実行が終わるとtask_console()タスクが再開されるので、「LEDの0.5秒ごとの点滅」を守りつつ他の処理も自由に追加できるのです。

このようなスケジュール処理は、OSを利用しなくても実行可能です。しかしながら処理が複雑になる場合や処理を追加したい場合は、スケジュールのタイミングを見直すなど、後戻りの作業が発生する恐れがあります。工数の増大につながらないようOSを部品として利用したほうが、開発効率を上げる効果が期待できます。

◆ OSは魔法の全自動ツールではない

ただしOSを使えば、自分が思っている処理が夢のように実現できるわけではありません。組込み機器の場合には、処理内容に合わせた初期化処理を実施しなければなりませんし、処理の優先度を付けて、OSに登録しておくことなどが必要になります。

OSに登録後も自動的にスケジューリングしてくれる訳ではなく、OSにスケ

ジュールさせるためのきっかけや準備も必要になります。

組込みOSを使った場合のデメリット

組込みOSを使うと順序や割り込みによる制御などOSが提供する機能を使うことでメリットを得られますが、使うことによってのデメリットもあります。OSを利用する場合のデメリット部分を知っていれば、実際の開発時に留意できる点がありますので、理解しておきましょう。

◆ 処理時間のオーバーヘッド

タスクを複数利用する場合、タスクからタスクへの制御切り替えを行うとコンテキストスイッチ(Context Switch)というメモリの切り替えが行われます。タスクは、TCB(Task Control Block)と呼ばれる管理テーブルで管理されます。TCBには、タスクID、タスクの優先度、タスクの状態、スタックポインタなどタスクが使うための情報が管理されています。

●TCBに含まれる情報

OSが複数のタスクをスケジューリングするには、タスクを切り替える必要があります。タスクが切り替わるタイミングは、外部からの割り込みが発生した場合、実行中のタスクからシステムコール(例えば、イベントフラグなど)が呼ばれた場合があります。どちらのタイミングでもCPUが動作しているレジスタの値を切り替える必要があります。各タスクが管理しているタスク切り替え後に処理が継続できるように管理しているデータ領域をコンテキストと呼び

ます。

　コンテキストスイッチは、あるタスクからあるタスクへ切り替えを行う際に、前に使用していたタスクの状態から切り替えるタスクの状態へと、CPUレジスタなどを切り替える作業を行います。

◆ スタックオーバーフロー

　各タスクのスタック領域は、システム全体からタスクに必要なだけ割り振られます。無限にあるわけではないため、あるタスクが持っているタスク領域より大きな領域を使ってしまうと、他のタスクのスタック領域を破壊してしまうことになります。

　例えば、タスクAが持っているスタック領域が100byteとした場合、タスクA内のローカル変数で128byteの変数を作ってしまうと、28byte分がオーバーしてしまうことになり、他のタスクのスタック領域を破壊することとなってしまいます。

　タスク設計においては、自身が作るタスクのスタック領域にどのくらいの容量が必要になるのかを意識して設計することが望ましいとされています。

◆ 優先度

　RTOSの場合は、ある処理を実行中にある処理を割り込みさせて実行させることができる機能を提供しています。このOS機能をプリエンプション(Preemption)と呼んでいます。このプリエンプション機能を利用する場合にタスクに優先度を設定します。

　例えば、何らかのシステム異常など、人命にかかわるような処理やリアルタイム性が厳しい(数msで対応するなど)の処理は、優先度を高くしておくことになります。一方で、ログなど空き時間で対応できる処理は、優先度を低く設定しておきます。

　優先度が低く設定されているタスクは優先度が高いタスクに中断され、優先度が高いタスクを続けて実行している場合、優先度が低いタスクは永久に実行されないことになります。このためタスク設計においては、機能の分割やリアルタイム性に合わせた優先度を設定することが望ましいとされています。

SECTION-19

組込みOSを使ってみる

🌐 組込みOSの動作

　実際に組込みOSを使った動作確認をしてみましょう。今回はArduino UNO上でFreeRTOSを動作させます。

　FreeRTOSはオープンソースで開発されているRTOSです。FreeRTOSは利用可能なマイコンの種類が多く、あるマイコンで利用方法を習得すれば、他のマイコンにも流用できます。RTOSとしての基本機能に絞って構成されていることから、コードサイズが小さくROM容量を圧迫しない設計となっています。必要に応じて利用しない機能を削減して、コードサイズを更に減らすことも可能です。

　また、コルーチン型のマルチタスクにも対応しています。コルーチン型というのは、各タスクのための関数を協調して動作させることにより、マルチタスクを実現しようというものです。メリットとしては、RAMの消費量を抑えることができます。最近ではAmazonが権利を取得しMITライセンスとして公開したことで、IoT機器での利用も盛んに行われています。

　Arduino UNO R3でメモリ容量が増えたことで、Arudino IDEからもFreeRTOSが利用できるようになりました。本章では、FreeRTOSを題材にRTOSの動作を確認したいと思います。

◆ Arduino IDEからのFreeRTOSの導入

　まず、Arduinoの統合開発環境であるArduino IDEのGUI版を起動します。GUI版は、Arduinoの開発環境（巻末の付録参照）IDEを解凍したフォルダーにある「arduino.exe」をダブルクリックすることで起動できます。

●Arduino IDEの起動

解凍したフォルダー直下の「arduino.exe」をクリック

Arduino IDEを起動したら、まずFreeRTOSを導入します。OS導入はライブラリ管理から行えます。

●ライブラリの管理画面を開く

「スケッチ」→「ライブラリをインクルード」→「ライブラリを管理」をクリック

ライブラリマネージャが表示されるので、検索ボックスで「FreeRTOS」を検索します。検索結果に表示される「FreeRTOS by Richard Barry」をポイントして選択し、「インストール」をクリックします。

なお、OSは後でプログラムを書き込むとき同時に書き込まれるので、この時点ではArduino UNOを接続しておく必要はありません。

SECTION-19 ● 組込みOSを使ってみる

●FreeRTOSを検索してインストール

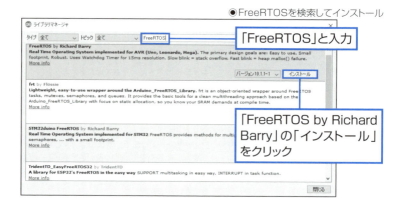

◆スケッチの実行

FreeRTOSの導入ができたところで、サンプルのスケッチを実行してみます。スケッチは、Arduino IDEでのプログラムの呼び方です。

サンプルのスケッチは、「スケッチ例」にボードやOSごとにまとめられています。今回は、FreeRTOS用のBlink_AnalogReadを使用します。Blink_AnalogReadはここまで見てきたような、LED制御を行いつつ入力されたデータを処理するものです。

●サンプルスケッチを開く

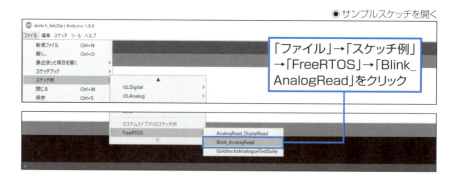

Blink_AnalogReadを読み込んだら、Arduino UNOをパソコンに接続します。接続後、Arduino UNOを接続したポートを選択します。

●接続ポートを選択

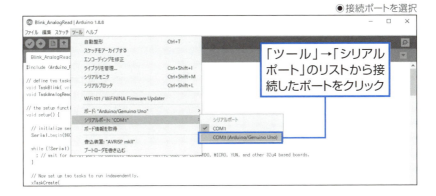

「スケッチ」→「検証・コンパイル」をクリックすると、スケッチのソースコードのチェックとコンパイルが実行されます。サンプルのスケッチなら問題なくコンパイルできるはずです。

●検証とコンパイルの実行

コンパイルに成功したら、「マイコンボードに書き込む」をクリックしましょう。なお、「マイコンボードに書き込む」では、コンパイルから書き込みまでがまとめて実行されます。

SECTION-19 ● 組込みOSを使ってみる

●書き込みが完了

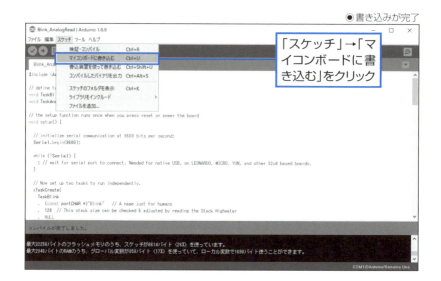

　書き込まれたスケッチはArduino UNO上ですぐ実行されます。正常に動作していれば、ボード上のLEDが2秒間隔（1秒点灯、1秒滅灯）で点滅するはずです。また、「ツール」→「シリアルモニタ」を起動するとAD変換センサーの値が出力されます。

●Blink_AnalogRead実行中のシリアルモニタ

SECTION-20
FreeRTOSの動きを学ぶ

● FreeRTOSの構成

FreeRTOSでは、プログラムの各処理を「タスク」と呼びます。タスクの実行順序を管理しているのは、タスク管理モジュールです。

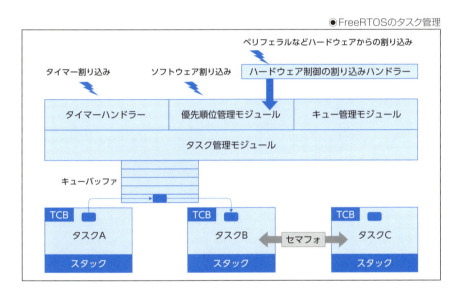

●FreeRTOSのタスク管理

タスクの状態を管理するため、各タスクにはTCB（Task Control Block）という管理テーブルが用意されています。FreeRTOSは、タイマーの割り込みを受けるたびにタスクの実行順序を決定し、実行するタスクを切り替えます。割り込み処理を担当するのは、割り込みハンドラーです。タスクの管理状態の変更やタスクへのデータ送受信を制御する、システムコールも用意されています。システムコールとは、タスクがRTOSに処理を要求するためのコールとなります。RTOS側は、優先順位の管理、ラウンドロビン処理（優先順位が同じタスクを一定時間で切り替えながら実行する処理）、タスク間での通信のために使用するキュー、セマフォ、イベントフラグなどのシステムコールを提供しており、各タスクはシステムコールを利用して、処理順序の制御やタスク間の通信を行います。

タスク間の同期には、セマフォを使うことができます。セマフォは、タスク

同士が同じデータを扱う場合に排他制御をするためのシステムコールで、一方のタスクが書き込みしている際には、他方のタスクからはデータを扱うことができないようする場合に利用されます。

　タスク間のデータ送受信は、キューバッファを利用することで、待ち行列制御ができるようになっています。

　タスクごとにスタックメモリが用意される構成になっており、タスクが増えるとメモリ使用量が増えます。

◉ FreeRTOSの基本動作

　FreeRTOSのタスクは「レディー」「サスペンド」「ブロック」そして「実行中」といった状態を持っています。各状態に移るためのシステムコールが準備されています。

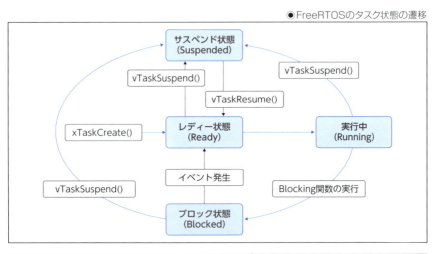

◉FreeRTOSのタスク状態の遷移

状態名	概要
レディー状態(Ready)	タスクの実行準備ができる状態です。優先度の高いタスクが動作していなければ、現在動作しているタスクが終わることで実行状態になれます。
実行中(Running)	タスクを実行している状態です。CPU上でプログラムが動作している状態となります。
ブロック状態(Bloked)	タスクが何かしらのイベントを待っている状態です。イベントが発生した場合に優先度に応じてレディー状態になります。
サスペンド状態(Suspended)	タスクが中断されている状態です。Suspendのシステムコールが発行されると状態遷移し、Resumeのシステムコールが発行されると復帰します。

　タイマー割り込みを受けると、レディー状態の中で最も優先度が高いタス

クを実行状態に移行して実行します。特にタスクの中で待ち合わせなどをしなければ、次のタイマー割り込みにてタスクの切り替えを行い、実行中のタスクをレディー状態に移行させて次のタスクを実行します。

同じ優先度のタスクが複数あれば、タイマー割り込みごとに順番に実行されることになります。この実行管理方式は、ラウンドロビンと呼ばれています。

実行中のタスクが、何かしらの待ち合わせを行うシステムコールを実行すると、そのタスクは、ブロック状態に移行します。ブロック状態に移行した場合には、次のタスクが実行されます。同じ優先度で待っているタスクがなければ、優先度が低いタスクを実行します。ブロック状態に移行したタスクは、待ち合わせを解除するシステムコールが実行されるか、待ち合わせている条件のイベントが発生することで、ブロック状態からレディー状態に移行し、次の実行待ちとなります。

実行中タスクが、サスペンドするシステムコールを実行すると、指定されたタスクがサスペンド状態となり、再度タスクの優先順位が決定されて新たなタスクが実行中となります。サスペンドしたタスクは、レジュームをするシステムコールが実行されると再びレディー状態に戻り実行待ちとなります。

● サンプルコードの実際の動作

ではFreeRTOSが実際にどんな動きをするか、前セクションで実行したBlink_AnalogReadのソースコードで見てみましょう。

● Blink_AnalogRead

```
#include <Arduino_FreeRTOS.h>

void TaskBlink( void *pvParameters );
void TaskAnalogRead( void *pvParameters );

void setup() {
  Serial.begin(9600);

  while (!Serial) {
    ;
  }

  xTaskCreate(
    TaskBlink
    ,  (const portCHAR *)"Blink"   // A name just for humans
```

```
    , 128  // This stack size can be checked & adjusted by reading the Stack Highwater
    , NULL
    , 2  // Priority, with 3 (configMAX_PRIORITIES - 1) being the highest, and 0 being
the lowest.
    , NULL );

  xTaskCreate(
    TaskAnalogRead
    , (const portCHAR *) "AnalogRead"
    , 128  // Stack size
    , NULL
    , 1  // Priority
    , NULL );

}

void loop()
{
}

void TaskBlink(void *pvParameters)  // This is a task.
{
  (void) pvParameters;

  pinMode(LED_BUILTIN, OUTPUT);
  for (;;) // A Task shall never return or exit.
  {
    digitalWrite(LED_BUILTIN, HIGH);    // turn the LED on (HIGH is the voltage level)
    vTaskDelay( 1000 / portTICK_PERIOD_MS ); // wait for one second
    digitalWrite(LED_BUILTIN, LOW);     // turn the LED off by making the voltage LOW
    vTaskDelay( 1000 / portTICK_PERIOD_MS ); // wait for one second
  }
}

void TaskAnalogRead(void *pvParameters)  // This is a task.
{
  (void) pvParameters;
  for (;;)
  {
    int sensorValue = analogRead(A0);
    Serial.println(sensorValue);
    vTaskDelay(1);   // one tick delay (15ms) in between reads for stability
  }
}
```

◆ 1. ソースコードの確認:タスクの生成部分

ソースコードをブロックごとに詳しく見てみましょう。最初に、タスクをレディー状態にするためタスクの生成を行います。

```
#include <Arduino_FreeRTOS.h>

void TaskBlink( void *pvParameters );
void TaskAnalogRead( void *pvParameters );

void setup() {
  Serial.begin(9600);

  while (!Serial) {
    ;
  }

  xTaskCreate(
    TaskBlink
    , (const portCHAR *)"Blink"   // A name just for humans
    , 128   // This stack size can be checked & adjusted by reading the Stack Highwater
    , NULL
    , 2   // Priority, with 3 (configMAX_PRIORITIES - 1) being the highest, and 0 being the lowest.
    , NULL );

  xTaskCreate(
    TaskAnalogRead
    , (const portCHAR *) "AnalogRead"
    , 128   // Stack size
    , NULL
    , 1   // Priority
    , NULL );

}
```

タスク生成時にはタスクの名前、スタックサイズ、優先度を登録する必要があります。優先度はFreeRTOSの場合、番号が大きくなるほど高くなります。

サンプルではTaskBlink()とTaskAnalogRead()の2つのタスクを生成して、TaskBlink()をより高い優先度で登録しています。

タスクの生成には、xTaskCreate()のシステムコールを利用します。xTaskCreate()にて、TaskBlink()、TaskAnlogRead()を生成することで、

レディー状態にすることができます。

◆ 2. ソースコードの確認:TaskBlink()

　TaskBlink()では、LEDを点灯させる処理と滅灯させる処理を行っています。LEDの点灯、滅灯の間にシステムコールを使って、点灯→滅灯、滅灯→点灯の間を1秒のタイミングを取るようになっています。

```
void TaskBlink(void *pvParameters)  // This is a task.
{
  (void) pvParameters;

  pinMode(LED_BUILTIN, OUTPUT);
  for (;;) // A Task shall never return or exit.
  {
    digitalWrite(LED_BUILTIN, HIGH);   // turn the LED on (HIGH is the voltage level)
    vTaskDelay( 1000 / portTICK_PERIOD_MS ); // wait for one second
    digitalWrite(LED_BUILTIN, LOW);    // turn the LED off by making the voltage LOW
    vTaskDelay( 1000 / portTICK_PERIOD_MS ); // wait for one second
  }
}
```

　vTaskDelay()は、指定された時間タスクを中断する関数です。vTaskDelay()をコールすることで、TaskBlink()は1秒間ブロック状態に移行します。

◆ 3. ソースコードの確認:TaskAnalogRead()

　TaskAnalogRead()は、シリアルポート出力のためのタスクです。ハードウェアのAD変換センサーを読み取り、読み取った結果をシリアルポートに出力する処理を行っています。AD変換センサーからの読み取り周期は、15msごとです。

```
void TaskAnalogRead(void *pvParameters)  // This is a task.
{
  (void) pvParameters;
  for (;;)
  {
    int sensorValue = analogRead(A0);
    Serial.println(sensorValue);
```

```
    vTaskDelay(1);   // one tick delay (15ms) in between reads for stability
  }
}
```

◆ 4. サンプルの動作イメージ

　タスクが生成されTaskBlink()とTaskAnalogRead()がレディー状態となると、優先度が高いTaskBlink()から実行されます。TaskBlink()はLEDを点灯させると、vTaskDelay()のシステムコールを呼んでブロック状態に移行します。

　TaskBlink()がブロック状態に移行すると、優先度が低いTaskAnalogRead()がレディー状態から実行中になります。センサーデータの読み取りとシリアルポートへの出力が終わると、vTaskDelay()のシステムコールを呼んでブロック状態に移行します。

　TaskAnalogRead()は、15ms経つとイベントが発生し、レディー状態に移行し、TaskBlink()が動作していなければ実行中になります。TaskBlink()がレディー状態になっている場合は、優先度が高いTaskBlink()が実行されます。といった動作を周期的に行うのが、FreeRTOSのスケジューリングです。

●各タスクを指定時間に呼び出す

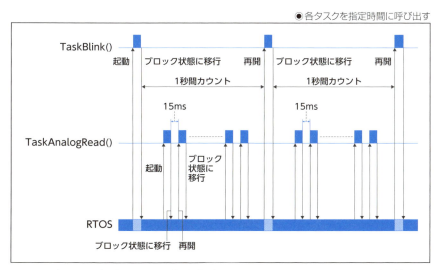

　スケジュール方法やタスク生成方法などOSによって異なりますが、基本的な考えは共通的に使えますので、スキルとして身に付けておきましょう。

SECTION-21

組込みOSの歴史を知る

🌐 組込みOSの歴史

組込み機器にOSが必要な理由が理解できたところで、OSの歴史と種類を見てみましょう。組込みOSは、パソコンOSで有名なWindowsやLinuxより古くから存在するOSです。

組込み機器にOSが採用されたのは、1979年のOS-9が最初といわれています。その後1980年代に入り、pSOSやVxWorksが開発されました。1980年代後半には、国産のTRON仕様が公開されました。1990年代に入ると多くの組込み機器用のOSが発売されるようになりました。

●1970年代〜1990年代の組込みOS

年代	OS名称	概要	備考
1979	OS-9	モトローラ社の8bitマイコン MC6809用に開発されたRTOS	真空管生産終焉
1980	VxWorks	Wind River社の信頼性や安全性が高い航空、宇宙、防衛分野で採用されたRTOS	-
1982	pSOS	Software Components Group社が開発したRTOS	-
同上	QNX	Intel 8088用向けにリリースされた。	-
1986	LynxOS	POSIX互換のRTOS。モトローラのMC68010用にリリースされた。	ARMの最初のCPU製品であるARM2が世の中に出た。
1987	ITRON	組み込み機器向けのRTOSの仕様公開	1984年TRONプロジェクトが発足している。
1993	Nucleus RTOS	Accelerated Technology社からリリースされた。航空宇宙、医療、産業などの分野で利用される。	2002年3月にMentor Graphics社に買収される。
1996	Widows CE	PDAや組込み機器向けの32bitマルチタスク/マルチスレッドOS	1992年くらいに32bitマイコンが出始める。
1996	Integrity	Green Hills Software社からリリース。軍事、航空宇宙、航空機などで利用される。	2008年にISO/IEC15408のEAL6+取得
1997	JBlend	ITRONとJavaの実行環境を融合したJTRON仕様のRTOS	コンピュータ西暦2000年問題が騒がれる。
1998	Symbian OS	携帯電話用のRTOSとしてSymbian社が提供開始。	Embedded Javaの仕様提唱(Sun Mycrosystems社)
同上	Auto PC	車載情報端末向けのプラットフォームとしてマイクロソフトが提供開始	MISRA-C策定・提唱

1999	MontaVista Preemptible Linux Kernel	MontaVista Software社による2.4 Linuxカーネル用のパッチ。組込みシステムに特化したLinuxオペレーティングシステムとクロス開発ツールを提供開始	-
同上	Windows NT 4.0 Embedded	組込み機器用OSを提供開始	-

●2000年代の組込みOS

年代	OS名称	概要	備考
2001	BREW	クアルコム社、モバイル端末向けのOSと開発環境の提供を開始。携帯電話で利用される	Googleが日本法人設立
同上	Windows XP Embedded	「Windows NT Embedded」の後継に当たる組込み機器用OS	-
2002	JWorks	VxWorks社、リアルタイムOS上で動作するJavaのプラットフォームを携帯電話、カーナビなどをターゲットに提供開始	T-Engineフォーラム発足
2003	T-Linux	TRON技術とLinuxが融合した環境の提供開始	ルネサステクノロジ設立
2004	T-Kernel	T-Engineプロジェクトの中核となるRTOS	-
2007	Android	携帯電話など携帯デバイス向けのオープンなOS	-

　ハードウェアが進化したことで、GUIを使えるなどパソコンに近いOSもリリースされて来ました。今後どんな変化が起きるのかも楽しみです。

　ただし多種多様なOSがあるということは、製品開発時にどれが最適なのか選ぶスキルが無いと、OSを使いこなせないということでもあります。ここからは、OSを選ぶときの勘所について説明します。

組込みOSの種類と時代背景

　組込みOSの種類は膨大ですが、POSIX(Portable operating system interface)準拠のOSとそれ以外の独自路線のもの(TRON仕様やT-Kernel仕様)に大別できます。

◆ POSIX準拠OS

　POSIX準拠OSは、IEEE1003.1の定義に従った国際標準仕様のOSになります。アプリケーションがCPUやメモリ、ペリフェラルなどのハードウェアを制御する際に、OSが用意しているAPI(Application Programming Interface)を利用して制御するようになっています。POSIX仕様はハードウェ

ア制御部分だけではなく、プロセス管理や権限管理、ファイル管理など多岐の部分を標準化した仕様になっています。

●POSIX準拠OS

COLUMN POSIXの歴史

　POSIXはUNIXソースコードが無償公開され、複数の互換OSが登場した時代に策定されました。IEEEとUNIX関連団体であるThe Open Groupによって標準ライブラリやOSのコマンド、システムコールなどが標準化されており、UNIX上での開発したアプリケーションを手をかけずに移植できるようになりました。

◆ μITRON

　日本では、TRON仕様のμITRONが有名です。TRON協会では、最小限のシステムコールとスケジューラを仕様として公開しています。μITRONはこの公開された仕様に基づいて、各社で開発されているRTOSです。組込み機器内のスケジューリングは、システムコールを使って案件ごとに開発しなければなりません。

システムコールはTRON仕様で決められた仕様なため、POSIX準拠OSを採用した案件の資産を活用する場合、手直しが必要になることもあります。

● μITRON

```
┌─────────────────────────────────────┐
│         アプリケーション              │
└─────────────────────────────────────┘
      ↕  システムコールを実際のハードウェアを
         意識した形で利用
┌─────────────────────────────────────┐
│              μITRON                 │
└─────────────────────────────────────┘
      ↕  μITRONがハードウェアに
         効率的にアクセス
┌─────────┐         ┌─────────────────┐
│   CPU   │         │     Memory      │
└─────────┘         └─────────────────┘
```

COLUMN　TRONの歴史

TRONは、1984年に提唱されたOSプロジェクトの名称で、The Real-time Operating system Nucleusの略です。このプロジェクトは、当初以下のような5つの計画がありました。

No	名称	概要	普及状況
1	ITRON(Industrial TRON)	組込み機器向けのOS仕様	○
2	BTRON(Bussiness TRON)	パソコン向けのOS仕様。超漢字などがある。	×
3	CTRON(Communication and Central TRON)	通信機器向けのサーバ仕様。NTTなどと共同で策定。	×
4	MTRON(Macro TRON)	分散コンピューティングを実現するための仕様	×
5	TRONチップ	TRON仕様に基づいたマイコンの仕様	×

この他、ITRONにJava技術を導入するためのJTRON（Java TRON）などありましたが、普及したのは、ITRON仕様だけとなっています。

◆ITRONの進化

ITRONは当初OSの仕様のみで、TRON協会が自らOSを実装し公開することはありませんでした。仕様に基づいてどういうOSを作るかはユーザーの自由な「弱い標準化」を選択したのです。この選択は、海外ではあまり受け入れられませんでした。

日本国内を見ても、ITRONの仕様に準拠したOSが多数存在し、業界全体で大変な重複開発となっていました。OS間の互換性がないことが移植や保守の難易度アップにつながり、一度使ったOSから移行できないなど市場形成の妨げにもなっていました。

　時代が進むにつれ、組込み機器にもネットワーク機能やファイル管理といったパソコンと同等の機能が求められるようになりました。高度な情報処理が可能でパソコンのように使えるOSのニーズも、従来以上に高まってきました。

　この変化に伴って、TRONプロジェクトでは従来の方針を変更、よりパソコンライクに使えるT-KernelというOSを無償で提供し市場の形成を促しました。ITRONもPOSIX準拠のOS製品と同じような、「強い標準化」に転換をとげたのです。

◆ T-Kernel仕様

　TRON仕様はCPUの資源を効率良く使うため、最小限の仕様となっていました。この仕様を拡張するために策定されたのが、T-Kernel仕様です。T-Kernel仕様はハードウェアの抽象化を進めたことで、アプリケーション開発が容易になっています。抽象化を進めたのは「より汎用OSに近い形に近づけるため、ハードウェアを意識することなく利用できるようにした」部分です。例えば描画処理を行う際の属性、状態などが抽象化されたAPIで提供されているなど、最初から作らなくても利用できる機能が増えています。また、POSIXライクなAPIも提供され、POSIX準拠のOS資産も活用しやすくなっています。

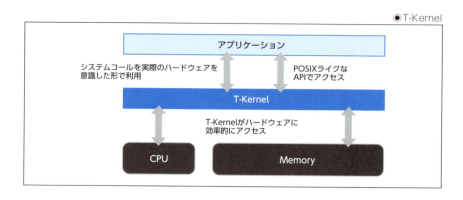

●T-Kernel

SECTION-22

組込みOSの選び方

組込みOSの選定ポイント

　組込み製品を開発する際には、求められる機能や仕様に合わせてOSを選定することが重要となります。商用OS会社が提供している機能、仕様を確認し、開発費・開発期間にマッチしたOSを選定しましょう。

　POSIX準拠OSとTRON仕様OS、どちらにもメリットとデメリットがあります。また、近年組込み機器に対して市場が求める機能が高度化するとともに、機能安全やセキュリティなど製品仕様以外に求められる仕様も複数出てきています。その内容によって、どちらを採用した方がいいかは変わってくるでしょう。

●組込み製品開発時のOS選定ポイント

選定ポイント	概要
開発期間	OS導入でどのくらいの短縮が望めるのか？
開発費	初期導入費、ライセンス費などのランニングコストがどの程度なのか？
機能	組込み機器に求められる製品機能はどのようなものがあるのか？
品質	機能安全やセキュリティなど品質に関わる部分が網羅されているか？
保守性	ハードウェアが変わった場合でも資産の活用が可能になるのか？
フットサイズ	ROM、RAM使用量、OSオーバヘッド時間などが仕様を満たしているか？
提供機能	製品として、USB、Ethernetなどのドライバの提供やファイルシステム、ネットワークスタックなどのミドルウェアなどの利用が必要か？
外部提供	商用OSを利用する場合、商用OSが提供していない機能は、商用OSのパートナー会社が提供できるか？
開発環境	アプリケーションを開発するための統合開発環境の提供があるのか？　デバッグ時の解析ツールの提供があるのか？
過去資産	過去利用していたソフトウェア資産を活用することができるのか？

　これらのポイントと、大まかなOSの構造が重要です。OS構造に関して、POSIX準拠OSと商用RTOSに分けて解説します。

◆POSIX準拠OSの構造

　Windows IoTや組込みLinuxに代表されるように、ハードウェアは全てOSの管理下にあります。ハードウェアを制御するためのドライバがあり、ハードウェアを抽象化するように提供され、アプリケーションを開発しやすいようにネットワークスタックやミドルウェア機能も提供されます。標準化された仕様なのでオープンソースでの開発も盛んで、その資産活用も可能です。

一方、ハードウェアが抽象化されているため、ハードウェアを直接制御することができません。組込み機器に求められるリアルタイム性が高い場合に要求される処理速度が満たせないなど、デメリットとなることがあります。

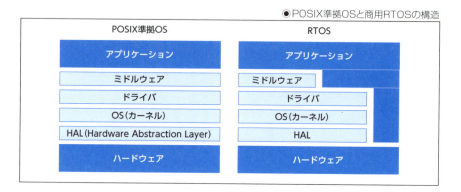

●POSIX準拠OSと商用RTOSの構造

◆ 商用RTOSの構造

　Windows IoTや組込みLinuxなどのOSとは違って、必要最低限のハードウェアのみを抽象化する構造になっています。ハードウェアを制御するドライバも最低限の提供となっており、ネットワークスタックやミドルウェアなどもオプション扱いです。必要な機能は、アプリケーション開発でカバーすることが求められます。

　商用OS会社ごとにハードウェア部分、ミドルウェア部分の提供範囲が異なっているため、組込み機器に求められる機能に合わせて選定を行う必要があります。

　一方でハードウェアが直接見えるため、組込み機器に求められるリアルタイム性を実現しやすく、自由度も高いといえます。

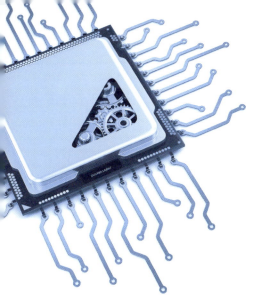

CHAPTER 06
スマートデバイス

 本章の概要

近年IoT(Internet of Things)に見られるように、ネットワークを利用した組込み機器が増えています。本章では、ネットワークを使ったサービスを行う組込み機器であるスマートデバイスについて、ハードウェア構成やソフトウェア構成を解説します。

SECTION-23

データ主導社会

🌐 データの活用

　私たちが生活している現実の社会では、組込みデバイスを使ってセンサー情報など多種多様なデータが集められ、社会問題の解決に利用されています。本章で扱うスマートデバイスも、社会問題の解決に使われるデバイスのひとつです。

　スマートデバイスを活用して、人の作業補助や行動補助など様々なサービスやソリューションを提供することで、利便性を向上していく社会が形成されつつあります。これがデータ主導社会です。

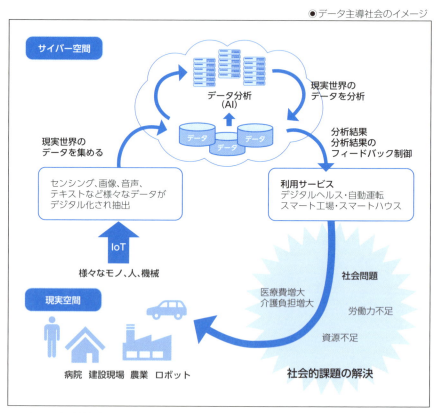

●データ主導社会のイメージ

　データ主導社会の実現にあたっては、今まで集められなかったデータを集

めるため、また集めたデータから導き出される解決策（ソリューション）を実行に移すためのデバイスが必要になります。これらの目的に用いられるのも、スマートデバイスです。

> **COLUMN**
> ## Society 5.0
>
> 　人類は、狩猟社会（Society 1.0）→農耕社会（Society 2.0）→工業社会（Society 3.0）→情報社会（Society 4.0）と段階的に進化してきました。これに続く5番目の社会がSociety 5.0です。日本政府は2017年6月に閣議決定した「未来投資戦略2017」において、Society 5.0を「先端技術をあらゆる産業や社会生活に取り入れ、"必要なモノ・サービスを必要な人、必要な時、必要なだけ提供する"ことにより様々な社会課題を解決する試み」と定義しています。「先端技術」の代表がデジタル技術であり、デジタル技術の実現において、組込み機器の利用はなくてはならないものです。

SECTION-24

スマートデバイス

● スマートデバイスとは

　スマートフォンに代表されるように、スマートXXという言葉が当たり前になってきています。スマートデバイスは、タッチパネル式の通信機器であるスマートフォンやスマート家電、スマートウォッチ、スマートグラスなど、クラウドサービスを前提として高い付加価値を持たせたスマートXXの総称です。

●代表的なスマートデバイス

デバイス名	内容
スマートフォン（タブレット）	携帯電話と携帯情報機器端末（PDA）を合わせた情報機器端末のこと。通話機能やメール機能に加えて、インターネットなどを利用した多種多様な機能を持っている。
スマートウォッチ	時計型の情報機器端末のこと。通常は腕時計型で、センサーを使った歩数、心拍数などのライフログを取る機能を持つ。
スマートグラス	眼鏡型の情報機器端末のこと。HMD（Head Mounted Display）によるAR/VRといった技術を採用しており、工場/工事現場での作業指示に利用される。
スマート家電	家電型の情報機器端末のこと。インターネット通信可能なスマートテレビでは、地上波以外の映像サービスやスマートフォンで録画した映像などを見ることができる。

　スマートデバイスに共通しているのは、画面やタッチパネル、通信の機能を備えていることです。近年はネットワークを利用しクラウドサービスと融合することで、機器が単体で実現できなかったサービスを提供し、機器の付加価値を高める方向になってきています。

　組込み機器にも高度な技術が求められてきており、スマートデバイスを開発するためのスキルを広く持たなければならなくなってきています。本章では、スマートデバイスに利用されているハードウェア・ソフトウェアの構成と技術スキルに関して解説します。

● スマートデバイスの利用例

　スマートデバイスを活用したサービスや製品は、随分身近になってきました。ここではスマートデバイスの利用例として、普及が進んでいるカスタマーディスプレイと、ウェアラブルデバイスを紹介します。

◆ カスタマーディスプレイ

　スマートデバイス化されたカスタマーディスプレイの中には、無人で支払いが可能な製品もあります。最近ではキャッシュレス決済による利便性の向上、従業員の負担減を目的として、コンビニエンスストアや衣料品を取り扱う店舗・病院などで導入が進んでいます。

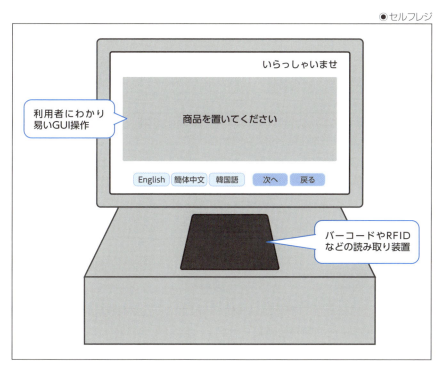

●セルフレジ

　セルフレジは、品物を置くと自動的に品物の点数、価格が判別され、クレジットカードを挿入することでキャッシュレスに支払いができる機器です。タッチ画面での操作を採用しており、利用者が困らないよう画面に絵を表示するなど、必要なガイダンスが自動的に流れる機能も持っています。

SECTION-24 ● スマートデバイス

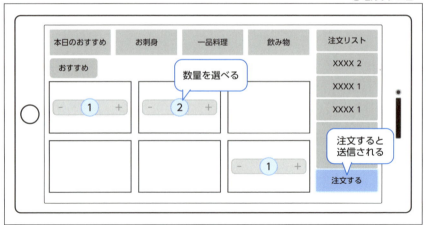

回転すしや居酒屋などで利用されるセルフメニューも、身近になったスマートデバイスのひとつです。メニューが表示されている画面を見ることでそのメニューがイメージできるほか、そのお店のおすすめが表示されたり、旬のものが分かったりと、利用者に分かりやすくガイドできます。注文したものは即座に厨房にオーダーされ、オーダーが完了するとレジシステムに注文数、価格が届けられます。

これらのスマートデバイスを、店舗側が売り上げ実績を管理するPOSシステムと連動させることで、「いつ、どの商品が、どんな価格で、いくつ売れた」ことを把握することができるようになります。また、レジ業務のスピードアップと効率化アップ、在庫管理の精度向上といったメリットもあります。

◆ ウェアラブルデバイス

ウェアラブルデバイスはスマートウォッチ、スマートグラスなどの、人が身に着けて利用するスマートデバイスです。2013年以降に発売されたスマートウォッチの中には、スマートフォンと連携しメール確認や通話を行えるモデルもあります。

スマートグラスはARやVR、MRといった仮想化技術を使うことで、道順の案内や観光案内などができるデバイスです。工場や工事現場などで簡易な操作やガイドなどをすることで、初心者でも熟練者のように作業ができるという利用方法が注目されています。

●ウェアラブルデバイスの利用例

デバイス	利用例
スマートウォッチ	・物流：バーコードリーダーの代わりに利用 ・工場：工程、製品のチェックや作業報告 ・飲食：呼び出しボタンの応答
スマートグラス	・物流：マーカーの読み取りによる搭載方法の選択 ・工事現場：場内の危険な個所のガイド、リモートからの遠隔支援 ・医療現場：遠隔手術の支援 ・建設現場：建設前の設備配置や導線の確認

スマートデバイスの構成

　ここから、組込み製品でもあるスマートデバイスの構成を紹介していきます。5章までで紹介した組込みハードウェアやソフトウェアと違って、グラフィックスや通信機器が追加されており、複雑で高性能なハードウェアと大規模なソフトウェアの構成となっています。

　スマートデバイスの利用例でも紹介した通り、音声ガイドやGUI（Graphical User Interface）による動画・画像による操作ガイドなど、人が操作しやすいような機能を提供できる構成となっています。

◆スマートデバイスのハードウェア構成

　スマートデバイスはスマートフォンに代表されるように、GUIを実現するためのディスプレイやタッチパネルなどを用いたハードウェア構成となっています。CPUは、高性能な32bit以上のものが多くを占めます。特に高性能が求められるスマートデバイスには、GPU（Graphics Processing Unit）を搭載した、より高機能なマイコンが採用されます。

SECTION-24 ● スマートデバイス

●スマートデバイスのハードウェア

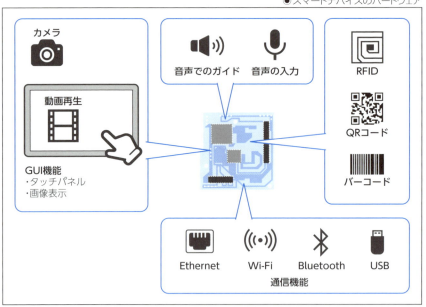

　高機能なマイコンを使う理由としては、利用者に対するリアルタイム性を確保することが挙げられます。何かの操作をしている際にも、CPU以外のハードウェアを利用して他のサービスを提供できるマイコンが選ばれているのです。

　また、他のデバイスとの通信やサーバーとの通信を行うことで、単一デバイスではできなかったサービスを実現できるような構成となっています。

　スマートデバイスを作成できる安価なデバイスとしては、Raspberry Pi 3B+があります。Raspberry Pi 3B+のハードウェア構成を見てみると、ディスプレイを繋ぐためのI/Fや通信機能といった、GUIを実現できるようなペリフェラルが標準実装されていることが分かります。

●Raspberry Pi 3のハードウェア構成

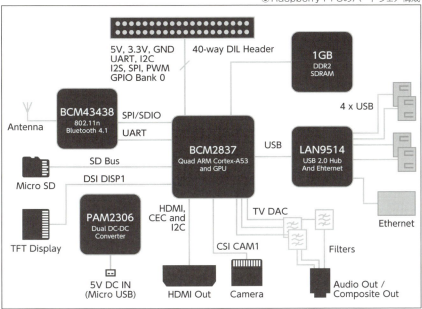

　5章までに見てきたハードウェア構成と比べると、Raspberry Pi 3B+には多くのペリフェラル機能が実装されています。中核となるのはSoC（System on a Chip）といわれるLSIで、小さい実装面積と低消費電力が特徴です。

　CPU単体では、スマートフォンやゲーム機などを実現することができません。スマートフォンやゲーム機に必要になるハードウェア機能をペリフェラルとして搭載する必要があります。例えば、現在発売されているスマートフォンの多くに、Qualcomm製のSnapdragonというSoCが採用されています。SnapdragonはCPUの他、スマートフォンに必要となるGPU、4G/3G、Wi-Fi、カメラ、ディスプレイ、各種センサ、オーディオ、ビデオ再生などを実現するハードウェアが1つになっています。SoCは製品を実現するために、多くのペリフェラルとCPUを1つの箱にして提供されるハードウェアです。また、SoCにさまざまなハードウェア機能を集積することで、短期間、小型化、安価（製造コスト減）、処理の高速化、消費電力節約などの効果があります。

　スマートデバイスのハードウェアを選択するときには、製品に求められている機能とSoCの持つ機能との比較を行い、適切なSoCを選択できるスキルが求められます。

●Raspberry Pi 3のSoC(BCM2837)構成図

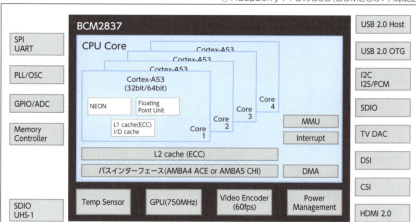

　最近、教育用途で利用されることが多くなった、Raspberry Pi 3 B+に搭載されているBroadcom社のBCM2837もSoCです。BCM2837はUSB、SPI、UARTといった外部と通信するためのバスペリフェラルやカメラを接続するためのCSIインターフェース、画面出力するためのHDMI、SDカードを制御するSDIOなどのペリフェラルと、Cortex-A53の64bitのCPU4つ、GPU、Video Encoderなどを1つの箱で提供しています。多機能なSoCを搭載したボードが、4000円～5000円と安価に提供されています。

◆ スマートデバイスのソフトウェア構成

　スマートデバイスに搭載されるCPUの高性能化が進んだことで、ソフトウェアにもより高機能な構成が求められています。OSにおいては、リアルタイム性を持つ高機能なOSが選ばれることになります。スマートフォンで多くのシェアを持っているのはAndroidとiOSです。AndroidやiOSは多くのサービスを提供するため、様々な機能を実装した大規模なソフトウェア構成となっています。

　大規模なソフトウェア構成では、スクラッチで全て作ると開発期間が長くなるので、なるべく開発する範囲を狭くすることが必要です。OSS(Open Source Software)に代表されるソフトウェア部品を組み合わせて構成したり、商用OSベンダーの提供物を利用したりといった工夫をすると、利用者にサービス提供するアプリケーション部分の開発に注力できます。

◆ BSPを活用したソフトウェア開発

SoCのチップベンダーは、BSP(Board Support Package)というソフトウェアを提供しています。BSPはカーネルやHAL、ミドルウェア、基本的なアプリケーション、Window Managerで構成される大規模なソフトウェアです。SoCのBSPを入手するということは、画面制御や通信制御など様々な機能がマルチに動作するOSを入手することと同義です。

●リファレンスボードとBSPの提供

提供内容	ルネサス		NXP		Qualcomm		TI		Raspberry Pi	
リファレンスボード	○	入手困難な場合がある	○	i.MX系は入手できる	○	海外から入手	○	比較的手に入りやすい	○	安価に入手できる
BSP	Andorid:○		Andorid:○		Android:○		Andorid:△		Andorid:△	
	Linux:○		Linux:○		Linux:△		Linux:○		Linux:○	

●チップベンダーが提供するBSP

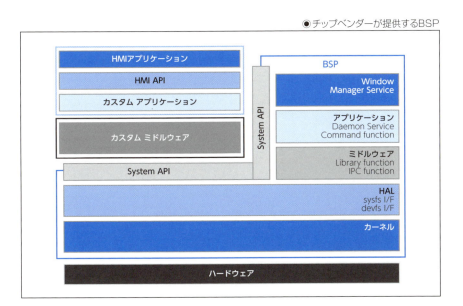

SoCのチップベンダーはBSPとして、Android、Linux(Yocto)を無償で提供しています。RTOSも、FreeRTOSやNuttxなどオープンで提供されているものを使うことで、すぐに動作確認などができるようになっています。SoCのチップベンダーごとにリファレンスボードは有償で提供されています。

OSS系のソフトウェアも、BSPをベースに開発することが一般的です。BSPはハードウェアを抽象的に制御できるようなソフトウェア階層になっています。アプリケーションはアクセスしたいハードウェアが異なっても、違いを意識することなく決まったAPIで利用できる構成です。

SoCやリファレンスボードが持っているハードウェア以外のペリフェラルを選択してしまうと、BSP自体を自社でカスタマイズすることになります。大規模なソフトウェア構成であるBSPをカスタマイズする場合、ペリフェラル用のドライバを追加するだけでは対応できず、多くの個所に手を入れることになります。

多くの個所を触ると、他の機能へ影響するだけでなくバグの原因を作りこんでしまう可能性も生じます。このため、BSPがサポートしているペリフェラルのみを使用するアーキテクチャの設計が重要です。また、ハードウェア技術者との交渉も必要なスキルです。

BSPを利用するにあたっては、どのようにメンテナンスしていくのか、製品のライフサイクルまで考えて開発していくことも求められます。商用OSベンダーの提供製品を利用する場合も同様です。選択する際には必要機能とカスタマイズの難易度、値段、サポートをよく吟味しましょう。

●BSPの機能を把握しよう

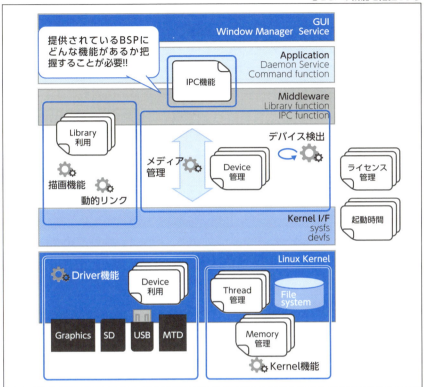

◆ BSPでのソフトウェア開発のポイント

　開発の最初の一歩は、提供されたBSPにどんな機能があるのかを把握することです。商用OSだと手軽に内容を見ることはできませんが、LinuxなどOSSであれば手軽に内容を見ることも、動作確認することもできます。スマートデバイスに求められる機能が実現可能か、動作させながら機能を把握していきましょう。

　開発期間によっては、自社単独での開発が難しい場合もあります。この場合は自社開発部分と外部調達部分、OSS利用部分などをアーキテクチャ設計し、メンテナンスを含めた製品ライフサイクルを意識した上流設計をするといいでしょう。商用OSの場合も、進め方は同様です。

SECTION-24 ● スマートデバイス

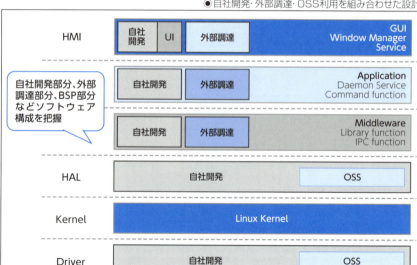

●自社開発・外部調達・OSS利用を組み合わせた設計

◆ セキュリティの脅威

データ主導社会が進むにつれて、利便性を向上させるためのネットワーク利用が増えています。ネットワークにはプライベートなものもあれば、パブリックなものもあります。一般的にインターネット回線を使ってサービスを実現する場合には、情報漏洩や盗聴といった行為や、データ自体を改ざんされる脅威が存在します。スマートデバイスを使ったデータ活用にあたっては、リスク分析、脅威分析、脆弱性の対策といったセキュリティ設計の知識も求められます。

また、デバイス単体での開発プロセスだけではなく、サービスも含めたシステム開発要件の検討や、ネットワーク利用方法などのネットワーク設計など、組込み機器開発以外にも幅広いスキルが求められます。

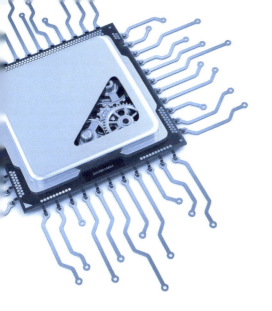

CHAPTER
07
組込みLinux

>>> **本章の概要**

6章で紹介したスマートデバイスに利用されることが多いLinux OSについて、ハードウェア・ソフトウェアの構成に関して解説します。後半ではLinux OSでの開発方法を、実際にRaspberry Pi 4Bを使いながら見ていきます。

SECTION-25

組込みLinux

🌐 Linux OSが利用される理由

　スマートデバイスの章でも触れたように、近年の組込み製品に求められる機能が多機能になりました。20年前の組込み機器といえば、8bitや16bitのCPUが主流でしたが、近年では32bitや64bitのCPUが利用されています。ハードウェアの進化に伴って、ソフトウェアにもネットワークやファイルシステム、タッチパネルやセンサーデバイスのデバイスドライバなど、多種多様な機能が求められるようになっています。

　ソフトウェアに求められる多種多様な機能をゼロから開発していくとなると、期間・費用ともに莫大なコストとなってしまいます。この問題を解決するためには、組み込み機器の開発プロセスを改善し、ソフトウェアを全て作るのではなく、利用できるソフトウェア部品を使い、開発期間・費用を削減することが望ましいです。Linux OSは無償で利用可能で豊富なミドルウェア、デバイスドライバがあることから注目され、組込み製品開発に利用されるようになりました。

●多数のソフトウェア部品が使えるLinux

ユーザーモード	Low-level system components	System daemon Systemd、runit、logind、Networkd、sounddなど	Windows system X11、Wayland、Mir、SurfaceFlinger（Android）など	その他のライブラリ GTK+、Qt、EFL、SDL、SFML、FLTK、GNUstepなど	Graphic Mesa、AMD Catalystなど
	C Standard library	glibc（POSIX）、uClibc（組み込み機器）、bionic（Android）など ※サブルーチンはopen()、exec()、sbrk()、socket()、fopen()、calloc()など			
カーネルモード	Linuxカーネル	システムコールインターフェース Stat、splice、dup、read、open、ioctl、write、mmap、close、exitなど			
		プロセススケジューリングsubsystem	IPC Subsystem	メモリマネージメントsubsystem	Virtual files subsystem / ネットワークsubsystem
		その他　ALSA、DRI、evdev、LVM、device mapper、Linux Network Scheduler、Netfilter、LSM（Linux security module）、TOMOYO、AppArmorなど			

SECTION-25 ● 組込みLinux

COLUMN 無償とライセンス条項

　Linuxは無償といっても、開発にお金がかからない訳ではありません。世界のOSSコミュニティに参加している人たちは、商用ソフトなら有償となるメンテナンス作業や開発作業を日々無償で行ってくれているのです。IBM社、Intel社なども企業利用のためOSS開発に参加しています。OSSには、GPLに代表されるライセンスが決められています。例えばGPLの基本スタンスは「みんなで共有する」です。OSSを開発に利用した場合、ライセンス条項によっては公開義務が発生します。企業でOSSを開発利用した場合は、公開するデメリットを感じる場合が多くあります。しかしながら、気が付かないバグ修正や機能改善などにOSSコミュニティの方々が協力的に対応してくれるなど、公開するメリットも大きいのです。企業でOSS利用する場合は、公開義務などのライセンス条項を良く理解した上で利用しましょう。

⊕ Linux OSが動作するハードウェア構成

　組込みシステムは、最低限CPU、ROM、RAMがあればソフトウェアを動作させることができます。Linuxの場合は加えて、メモリを仮想化するMMU(Memory Management Unit)があることが望ましいです。MMUが必要な理由は、Linuxの生い立ちにあります。

　Linuxはインテル製のCPUが16bitから32bitへと移行しつつある時期に、パソコンで動作するOSとして誕生しました。32bit CPUにはその機能を余すことなく使うためMMUが搭載されていましたが、当時MMUを扱うOSは普及していませんでした。Linux OSは32bit CPUのポテンシャルを活かすため、MMUを利用できる機能を実装しました。

◆ MMU(Memory Management Unit)

　MMUがなぜ必要になるのでしょうか。それはマイコンのハードウェア上の物理的に搭載されるメモリと、ソフトウェアが動作するメモリ空間が異なるからです。

　MMUには、仮想的に扱うアドレス空間と物理的に扱うアドレス空間があります。仮想アドレス空間は、CPUが扱える32bit空間です。物理アドレス空間

は、実際にハードウェアが搭載しているメモリ容量を扱う空間になっています。

MMUには、仮想アドレス空間から物理アドレス空間の変換を行う機能があります。この恩恵を受けるため、Linuxでは物理メモリをページと呼ばれる最小の単位で管理し、ソフトウェアのプロセスごとにページ単位でメモリを割り当てています。

ここで、MMUがない場合を見てみましょう。プログラムA、B、Cが動作している場合、各プログラムからは物理空間のメモリが見えることになります。物理空間なので、アドレスが一致していれば書き換えが可能です。

プログラムAの処理に誤りがあり、プログラムCが使うメモリを書き換えてしまったとします。プログラムCは書き換えられたことが分からないので、誤った値を読み出したり書き出したりしてしまい、最悪の場合は暴走する可能性もあります。

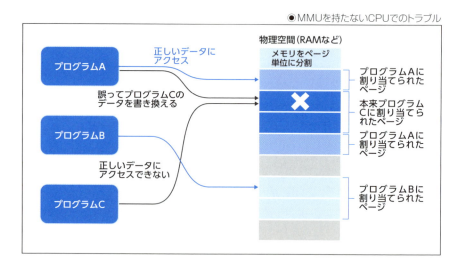

●MMUを持たないCPUでのトラブル

一方でMMUがある場合は、メモリのアドレスが仮想空間と物理空間の2つのアドレス空間に分かれます。各プログラムは、MMUが指定する仮想空間で動作します。仮想空間は、言葉の通り仮想的に作られる空間なので、実際はMMUが物理空間からメモリをページという単位で少しずつ割り当てて、プログラムが動作するのに必要な空間を作り出しています。仮想空間は、各プログラムにメモリ空間が割り当てられて、プログラムが切り替わる時に仮想空間が切り替わります。RTOSでいうコンテキストスイッチという、メモリ空間の切

り替えが発生します。

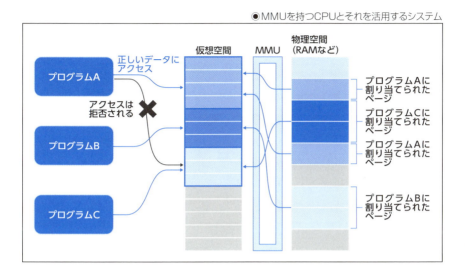

●MMUを持つCPUとそれを活用するシステム

　プログラムAの処理に誤りがあり、プログラムCが使うメモリを書き換えようとしたとします。プログラムAがプログラムCの仮想空間にアクセスしようとした場合、MMUが違反した空間にアクセスしたことを検知します。検知した結果はCPUに通知され、誤ったメモリの書き換えは実行されません。

　このようにMMUが各プログラムが持つメモリ空間を管理することで、複数のプログラムを安全に動作させることができます。Linux OSもMMUの機能を利用して、複数のプログラムを動作させています。

◆ MMUのないCPUでLinuxを動かすことは可能?

　結論からいえば可能です。uCLinuxと呼ばれていたLinuxの機能を使えば、MMUを持たないCPUでも動作させることができます。具体的にはLinuxKernelのコンフィグレーションでCONFIG_MMU部分をnにすることで、MMUなしのCPUに対応した動作になります。ただし、すでに説明したようにMMUなしではプログラム実行時の安全性や、複数のプログラム動作に時間がかかるなどのデメリットがあることを覚えておきましょう。

COLUMN リアルモードとプロテクトモード

　Linux OSが登場した時代、Intelの80386 CPUが登場した時代でした。しかしながらこの時代に全盛だったOSは、MS-DOSでした。MS-DOSは8086 CPUが持っているリアルモードしかサポートしていないOSです。リアルモードはIntelアーキテクチャの20本の物理的なバスしか使えないモードで、メモリ空間は16bit分の64KB、最大でも20bit分の1MBしか扱えませんでした。80386では1MBの壁を超えるため、仮想空間を利用できるプロテクトモードが追加されました。要するに、MMUの機能が搭載されたわけです。プロテクトモードを利用することで32bit分、4GBものメモリ空間が扱えるようになりました。

◆ 32bit以上のCPU

　Linux OSが登場した時代には、CPUのbit数が32bitでした。Linux OSは元々パソコン向けに開発されたOSです。ソフトウェアの開発経緯から考えると、32bit以上のCPUがLinux OSの性能を引き出せる最低限のスペックだといえます。

　最近ではRaspberry Piに代表される低価格なオープンハードウェアにも32bit以上のCPUが搭載されています。手軽に動作させたい場合は、値段も手ごろで、情報も豊富なRaspberry Piを利用すると簡単にLinux OSを使った開発や動作確認ができます。

COLUMN ページング

　IT系の試験に出てくるキーワードですが、MMUは仮想空間のメモリをページという単位で管理しています。Linuxの場合、ページの単位は、CPUのアーキテクチャに依存しますが、基本は4KB単位です。ページング方式の場合、プログラムをページという固定長単位に分割して管理します。ページは、仮想空間と物理空間のアドレスを変換するページテーブルで管理されています。仮想空間のメモリへのアクセスが行われた際に、ページテーブルを参照して、物理空間のメモリの読み書きが行われます。ページテーブルを参照した際に仮想空間に対応する物理空間が見つからないと「ページフォルト」が発生します。ページフォルトが発生すると不要とされるページを二次記憶装置に書き出して(ページアウト)、新たに必要なページを二次記憶装置から物理空間に読み込んで(ページイン)、ページを置換します。

　ページフォルトが発生した場合のページ置換方式の代表を以下の表に示します。

方式	内容
FIFO(First In First Out)	最も初めに読み込んだページを選択してページアウトする。
NRU(Not Recently Used)	最も参照されていないページを選択してページアウトする。
LRU(Least Recently Used)	最も長い時間使われていないページを選択してページアウトする。
NFU(Not Frequently Used)	最も使用回数が少ないページを選択してページアウトする。

◆ 搭載メモリ

　Linux OSはソフトウェアで最大に使えるメモリ空間4GBのうち、3GBをアプリケーションなどが動作する空間として、1GBを全体を管理するソフトウェアであるカーネル用の空間として割り当てています。これはMMUが管理する仮想メモリ空間の容量ですが、あまり少ないと頻繁に物理メモリの書き換えが頻発して、性能の低減につながります。4G以上のメモリがあればいいですが、最低でも512MBから1GB程度の物理メモリが欲しいところです。

SECTION-25 ● 組込みLinux

❇ Linux OSが動作するソフトウェア構成

　Linux OSはカーネルとその他のソフトウェア群に分けることができます。カーネルはハードウェアを制御するためのドライバ、ネットワークプロトコル、ファイルシステムなどハードウェアを抽象的に利用するためのスタックとシステム全体の管理を行うためのスケジューラ、メモリ管理などによって構成されています。

　カーネルは、ハードウェアを利用しやすいように、抽象的な/devインターフェースを提供します。これらをPOSIX準拠のAPIで扱えるようになっています。カーネルはハードウェアを扱うため、物理空間で動作しています。

　その他ソフトウェア群は、カーネルが提供している抽象的なインターフェースを更に便利に利用するためのライブラリ、プロセス間の通信を行うためのライブラリ、起動順序などを制御するデーモンといわれる常駐ソフトウェア、GUIを制御するためのWindowマネージャーなどから構成されています。

　これらのソフトウェア群が動作する仮想空間は、ユーザー空間と呼ばれます。

●ユーザー空間とカーネル空間

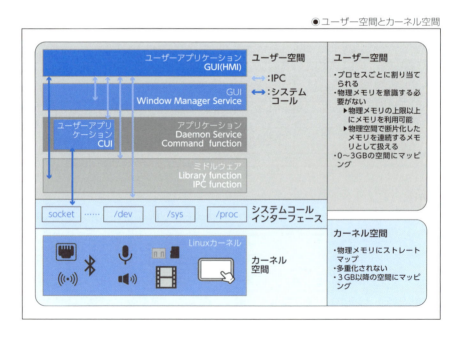

SECTION-26

組込みLinuxソフトウェアの概要

　この章では、Linux OSを利用、理解するための用語を解説します。本書では詳細な部分までは踏み込まず、必要に応じて専門書で調べられるよう、基礎部分に絞って解説していきます。

🌐 プロセス

　Linux OSは、実行するプログラムをプロセスという単位で管理します。1つのプロセスは仮想空間に1つのメモリ空間を持っており、異なるプロセス間で変数アクセスは行えません。プロセスはPID（Process ID）という番号で管理されます。

●プロセスの特徴

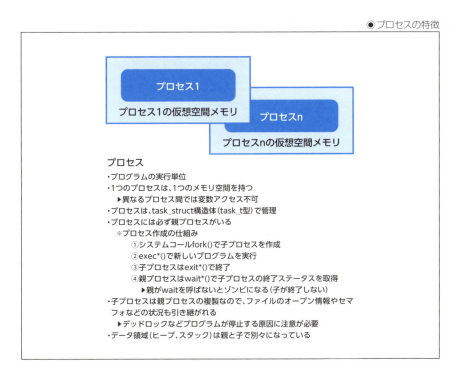

　例えばコマンドプロンプトのシェルから、lsコマンドを入力したとします。プロセスには、必ず親となるプロセスが存在しています。lsコマンドの場合はシェ

ルが親プロセスとなっており、lsコマンドは子プロセスとして動作することになります。

🌐 スレッド

プロセス内の処理単位を細かくしたものがスレッドです。概念としてはプロセスと同じですが、スレッドを使うことでプログラムの処理の並列性を向上させることができます。プロセスとの大きな違いは、親子関係がなく生成したプロセス内で動作することです。

●スレッドの動作

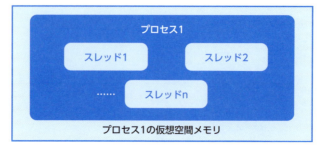

●プログラムの実行はプロセスと同様
　・スレッドの動作に必要な情報は単独で持つ
　　(thread ID、スケジュール優先度、スケジュールポリシーなど)
　・プロセスの情報(スレッド固有でないもの)は共有する
　　(プロセスID、親プロセスID、プロセスグループID、ユーザーID、
　　グループID、カレントディレクトリ位置など)
　・スレッドもtask_struct構造体(task_t型)を持つ

●プロセスと同じメモリ空間で動作
　・アドレスがわかれば、すべてアクセス可能
　・スレッド間で共有資源を操作するときは排他制御が必要

●POSIX互換のpthreadライブラリにて実現されている
　・ライブラリのpthread*関数で作成、終了などを実行

●Linuxのスレッドは軽量プロセス(Light Weight Process)として動作

◉ IPC（Inter Process Communication）

ユーザー空間の各プロセスは、違う仮想空間のメモリ上で動作しており、お互いのメモリ空間にアクセスすることはできません。プロセス同士でメモリ間のアクセスや処理を依頼する時は、IPCというプロセス間の通信を使用します。代表的なものを以下の表に挙げました。

◉IPCの種類

プロセス間通信の名前	内容
シグナル	プロセスに対して決まった通知をする（登録したハンドラーを呼び出す）。シグナルは決まった内容しか通知できない。主にシステムの事象を通知するのに用いる。
パイプ	親子関係があるプロセス間で利用できる。単方向の通信しかできない。
FIFO（名前付きパイプ）	親子関係がないプロセス同士の通信で利用される。双方向で通信できる。
セマフォ	プロセス間でデータへのアクセスを制限する場合に用いる。取得操作、解放操作が必要でデッドロックの原因になりやすい。
メッセージキュー	異なるプロセス同士が1対1で通信する場合に利用される。プロセスAがプロセスBにデータや処理を依頼する場合、プロセスAはメッセージを生成してキューを置き、プロセスBに処理を依頼する。
共有メモリ	プロセス同士でデータを交換する場合に利用する。メッセージキューより大きなデータを、複数のプロセスで共有できる。
ソケット	ネットワークの通信に利用される。同一のシステム内や異なるシステムとのプロセス間通信で利用される。

◉ カーネル

カーネルにはシステム全体のスケジュールを管理する部分と、ハードウェアを制御するデバイスドライバ部分があります。プログラムのスケジューリングはプロセス単位で行われています。デバイスドライバはハードウェアを抽象化し、ユーザー空間からの処理依頼やハードウェアの通知を行います。

どちらの機能も、抽象化されたシステムコールインターフェースをユーザー空間に提供しています。

●カーネルの働き

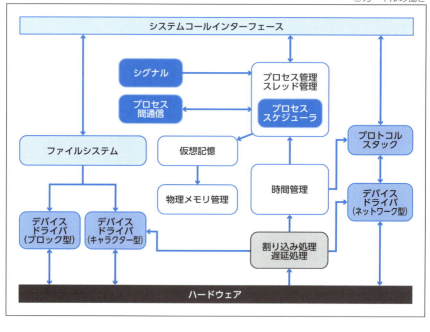

　カーネルにはシステムコールインターフェースとカーネル・コード、アーキテクチャ依存のコードが含まれます。

●カーネルの構成

アーキテクチャ名	内容
システムコールインタフェース	カーネルが持つ機能をユーザ空間のプロセスから利用できるよう提供するインタフェース。
カーネル・コード	ハードウェアのアーキテクチャに依存しない、Linux OSがサポートするCPUアーキテクチャ全てに共通する部分。プロセス管理やスレッド管理のスケジューラーなど。
アーキテクチャ依存のコード	特定のアーキテクチャに依存した固有のコード部分。ARMやIntelといったCPU、SoCのアーキテクチャに依存するコードなど。

　Linux OSのカーネルが提供しているソースコードのディレクトリを見ると、アーキテクチャの理解が進みます。ここでは、代表的なディレクトリを紹介します。

●カーネル関連のソースコードのディレクトリ

ディレクトリ名	内容
/arch	各種CPUアーキテクチャに依存したコード。CPUアーキテクチャごとにサブディレクトリに分けられている。x86系CPU対応コード、ARM系CPUコードなど、64ビットCPUから組込み専用CPUまで様々なCPU用のコードが置かれている。
/block	ブロック型のデバイスドライバを制御するための共通処理。
/crypto	暗号化処理の共通処理。
/drivers	各種ハードウェアを制御するためのデバイスドライバ。サブディレクトリごとにハードウェアに依存するコードが置かれている。
/fs	VFS（Virtual File System）と呼ばれる抽象化されたファイルシステム。サブディレクトリには、Ext4など各種ファイルシステムのコードが置かれている。
/init	カーネル起動用のコード。カーネル起動時、システムを初期化する。
/ipc	プロセス間通信のためのコードで、System V IPCに依存するもの。共有メモリ、セマフォ、メッセージキューなど。
/kernel	カーネル本体のコード。スケジューリングやCPU制御を行う基本機能。
/mm	メモリ管理機能のコード。仮想空間のメモリや物理空間のメモリを管理する。
/net	各種ネットワークプロトコルのコード。サブディレクトリ以下には、TCP/IPやUNIXドメインソケット、ATM、X.25など各種プロトコルスタックが置かれている。
/sound	マイクやスピーカーなど音を制御する機能。サブディレクトリには、CPUアーキテクチャに依存するコードが置かれている。
/include	カーネルのビルド時に参照するファイル。サブディレクトリのasmにCPUアーキテクチャに依存するコードが置かれている。

◆ デバイスドライバ

　Linuxのデバイスドライバはカーネルの最下層、一番ハードウェアに近い部分に位置します。ユーザー空間のプロセスからは、抽象化したシステムコールインターフェース経由で利用できます。デバイスドライバには、キャラクター型デバイスとブロック型デバイス、ネットワーク型デバイスがあります。

SECTION-26 ● 組込みLinuxソフトウェアの概要

●デバイスドライバの種類

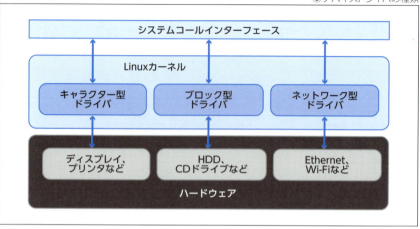

デバイスドライバ名	内容	特徴
キャラクター型デバイス	バイトストリームを扱い、シーケンシャルに読み書きするデバイス。代表的なデバイスはディスプレイやプリンタ、USB、シリアルなど。	シーケンシャルアクセスのため、ハードディスクなどの制御には向かない。
ブロック型デバイス	固定サイズのブロックをランダムに読み書きをするデバイス。代表的なデバイスはハードディスクやCDドライブ、SDカードなど。	データサイズは固定長。バッファを使うので、CPUと速度差があるデバイスの場合はメリットがある。
ネットワーク型デバイス	ソケットインタフェースを使って通信するデバイス。代表例デバイスはEthernetやWi-Fiなど。	プロトコルスタックの制御に依存する。データの受信時、割り込みが発生する。

🌐 システムコールインターフェース

　システムコールインターフェースは、ユーザー空間で動作するプロセスやライブラリがカーネルの機能を使う場合のインターフェースです。システムコールは約300種類用意されていますが、ここではデバイスドライバを制御するシステムコールのみを紹介します。

●デバイスドライバを制御するシステムコール

システムコール名	内容
open関数	デバイスファイルと呼ばれるカーネルが提供するファイルを開く場合に使う。
close関数	デバイス制御が終了した場合に使う。
read関数	デバイスからの読み取りを行う場合に使う。
write関数	デバイスに書き込みを行う場合に使う。
ioctl関数	read/write関数の読み取りや書き込み以外にデバイスを操作する場合に使う。
poll関数	デバイスからの応答を監視する場合に使う。

◆ デバイスファイル(/dev)

　ユーザー空間のプロセスから、前述したopen関数、read/write関数などのシステムコールを使用してデバイスドライバにアクセスするために利用されるのがデバイスファイルです。ファイル形式になっており、デバイスごとに種類と番号でカーネルが管理しています。キャラクター型、ブロック型の、疑似型のデバイスが管理されています。

　デバイスファイルは「/dev」の配下に位置しており、デバイスドライバを初期化した際にファイルが作成されます。原則として、1つのデバイスに対して1つのデバイスファイルが存在します。

●デバイスファイルの種類

ファイル名	内容
/ttyx	コンソールのデバイスファイル。
/ttySx	シリアルポートのデバイスファイル。
/null	入力を捨てる場合に利用するデバイスファイル。疑似デバイス。
/zero	0を書き込む際に利用するデバイスファイル。疑似デバイス。
/sdxx	ストレージデバイスを利用する場合のデバイスファイル。
/mmcblkx	SDカードなど、SDIOを使ったストレージを利用する場合のデバイスファイル。
/mtd	Flashメモリなどのデバイスを利用する場合のデバイスファイル。
/loopx	一般的なファイルをハードディスクのようなブロック型のデバイスとして扱うためのファイル。

※xは、数値を表す。

●デバイスファイルの使用例

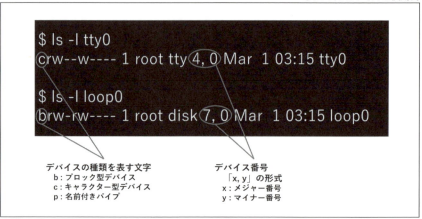

◆ システムファイル（/sys）

システムファイルは、ユーザー空間のプロセスからデバイスの状態や設定の変更などが行えるファイルです。デバイスの状態確認、設定などに用いる各種ファイルが、実際のハードウェアがイメージしやすい形で提供されています。

通常はデバッグをする際や、手軽にハードウェアの動作確認をしたい場合に使用します。システムファイルは「/sys」配下に位置しており、デバイスドライバが/sysを利用するように作成されていると、デバイスドライバの初期設定後に、システムファイルを作りだしてくれます。

●システムファイルの種類

ディレクトリ名	内容
/block	ブロックデバイスとして認識されている情報。
/bus	CPUが認識しているバスの種類。usb、spi、i2cなどの情報。
/class	カーネルが認識しているペリフェラル機能の情報。gpio、graphics、inputなどのデバイス情報。
/dev	カーネルが認識しているdevファイルシステムのメジャー番号、マイナー番号などの情報。
/device	カーネルが認識しているデバイス情報。
/firmware	Devicetreeや動作しているデバイスの状態情報など。
/fs	カーネルが認識しているファイルシステムの種類の情報。
/kernel	カーネルのデバッグ情報やパラメータ設定の情報。
/module	カーネルが認識しているデバイスドライバの情報。
/power	電源状態や電源管理の情報。

◆ システム状態の確認(/proc)

「/proc」は、ユーザー空間のプロセス状態やカーネルの設定状態、ハードウェアの状態など様々な状態を確認できるディレクトリです。各種状態がファイルという形で提供されており、プロセスの動作確認やカーネルの動作や認識状態を確認するために利用します。代表的なものを以下に挙げます。

●/proc内のファイル

ディレクトリ名	内容
/数字	各プロセスの情報。数字はプロセスID。
/bus	CPUのバス情報。
/cmdline	カーネル起動時の起動パラメータ情報
/cpuinfo	動作しているCPUの詳細情報。CPUの数分出力される。
/device-tree	Devicetreeとして読み込まれている情報。
/interrupt	割り込み情報。
/kmsg	カーネルが出力しているログ情報。
/loadavg	システムの負荷状態の情報。
/locks	カーネルがロックしているプロセス情報。
/meminfo	カーネルが認識している物理空間のメモリ情報。
/modules	カーネルがロードしているドライバの情報。
/mount	カーネルがマウントしているファイルシステムの情報。
/net	ネットワークデバイス、プロトコルの情報。パラメータ設定にも利用できる。
/partitions	SDカードなどのパーティション情報。
/stat	カーネル全体の統計情報。
/swaps	スワップファイルの利用状況。
/sys	システム状態の情報。

SECTION-27

組込みLinuxのビルドと起動

　この章では、実際にハードウェアを使って組込みLinuxの起動やデバイスドライバの動作確認を行います。動作確認には、組込みLinuxをビルドするための環境構築とビルド作業が必要になります。なお、本章での動作確認に利用している環境は、Ubuntu 18.04の環境を使ったビルド作業を前提としています。Ubuntu OSのインストールは、ここでは触れませんので、インターネットの情報を参考にインストールしてください。

🌐 利用するハードウェア

　利用するのは、簡単に入手できるRaspberry Piです。Raspberry Piは数千円でARMの64bit CPUを利用できるので、Linuxの動作確認をするには手ごろなハードウェアといえます。本章で使用するモデルは、Raspberry Pi 4 Model Bです（以下、このモデルをRaspberry Pi 4Bと表記します）。

◆ Raspberry Pi 4Bのハードウェアスペック

　まず、Raspberry Pi 4Bの外部仕様を把握します。CPUを含むSoCには、Broadcom社のBCM2711が採用されています。メモリは、LPDDR4が採用されており、メモリ容量は1、2、4、8GByteが搭載されているモデルがあります。標準でWi-Fi、Bluetooth、Ethernetといった通信系のデバイスなどが搭載されており、様々な用途に利用できるハードウェアスペックとなっています。

SECTION-27 ● 組込みLinuxのビルドと起動

●Raspberry Pi 4Bのハードウェア構成

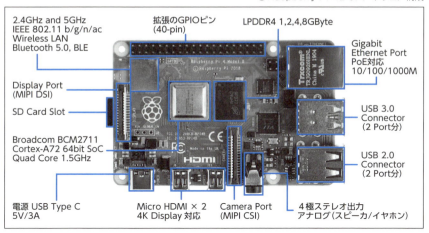

　Raspberry Pi 4Bには拡張のGPIOピンが40Pinあります。5章で利用したArduino UNOと同様、拡張基板を利用して標準搭載されていないハードウェアを使った拡張動作もできる仕様です。

●Raspberry Pi 4BのGPIOピン

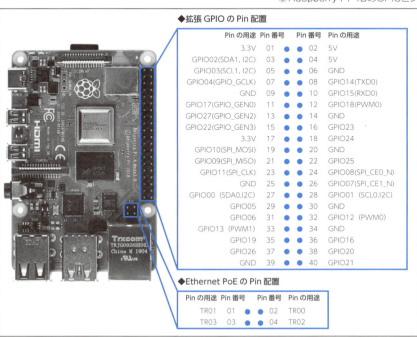

173

◆ Raspberry Pi 3B+との主な違い

Raspberry Pi 3B+とRaspberry Pi 4Bとの主なスペックの違いを以下の表にまとめておきます。Raspberry Pi 3B+と同等の価格から考えるとハードウェアのスペックが向上していることが分かります。

性能が向上した分、発熱も上がったので、今回はヒートシンク付きの基板を利用しています。

Model名	Raspberry Pi 3B+	Raspberry Pi 4B
SoC	Broadcom BCM2837B0	Broadcom BCM2711
CPU	1.4GHz クアッドコア Cortex-A53	1.5GHz クアッドコア Cortex-A72
GPU	デュアルコア VideoCore IV 400MHz(3D描画時300MHz)	デュアルコア VideoCore IV 500MHz
メモリ	LPDDR2 SDRAM 1GB	LPDDR4 SDRAM 1GB/2GB/4GB
Ethernet	300Mbpsまで	Gigabitフルスループット
Bluetooth	Version 4.2	Version 5.0
USB	USB2.0 × 4ポート	USB3.0 × 2ポート、USB2.0 × 2ポート
映像出力端子	HDMI Type-A × 1ポート	HDMI Type-D × 2ポート
電源ポート	USB micro-B	USB Type-C
価格	$35	$35(メモリ1GB)、$45(メモリ2GB)、$55(メモリ4GB)

● Raspberry Pi 4B用のディストリビューション

ハードウェアのスペックが把握できたので、Linux OSを構築したいと思います。Linuxを利用する場合、ディストリビューションと選定する必要があります。ディストリビューションは、Linux OSとソフトウェアのパッケージを集めた集合体です。

Raspberry Piの場合、一般的にはRaspbianと呼ばれるDebianベースのディストリビューションを利用しますが、本書ではYoctoというディストリビューションを使ってビルドの仕組みを含めた解説を行います。

◆Yoctoとは

Yoctoは、組込み向けLinuxなどをサポートしているプロジェクトです。Yoctoでは、ビルドシステムやクロス開発環境、エミュレータなどLinux OSを開発するのに必要なソフトウェアを提供しています。Yoctoを使えば、自社仕様、自分仕様のLinux OSのディストリビューションを作成できます。

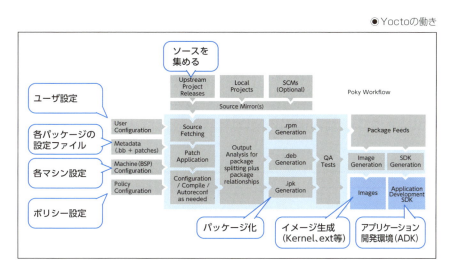

●Yoctoの働き

一昔前であれば、Linux OSを構築するのに必要なソフトウェアパッケージを自分で1つずつ集めて、1つずつビルドしながら、依存関係を解決してインストールしていく必要がありました。

Yoctoは、これらの手間を解決できるよう作られており、インターネットに接続した環境なら自動的にLinux OSを構築できるようになっています。

Yoctoでビルドを行う際には、bitbakeツールを使って、作りたいimage名を指定してビルドをします。bitbakeが実行されると、image作成に必要なmeta-xxxのレイヤ構成を把握し、meta-xxxのレシピ(recipes-xxx)に従ってパッケージを作成し、1つのimageにしてくれます。パッケージを作成する際には、依存関係があり、あるパッケージを作るためには、あるパッケージが必要になるなどを解決しながら実行してくれます。

以下の図は、bitbakeツールが動作する概念をまとめています。rpi-basic-imageというimageを作る際の依存関係を解決しながら、ビルドを実行するイメージです。すべてのパッケージを対象にはしていません。

SECTION-27 ● 組込みLinuxのビルドと起動

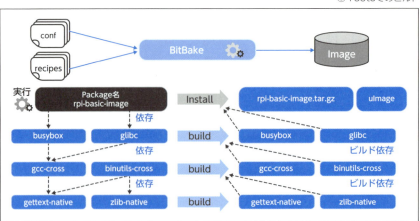

●Yoctoでのビルド

●Yoctoで使われる用語

用語	内容
poky	Yocto Projectのリファレンスのディストリビューションとビルドシステム。
BSP（Board Support Package）	特定のハードウェア向けのLinux OSの構成要素。
bitbake	Yoctoをビルドするときに利用するビルドコマンド。
meta	ディストリビューションを構成する1つの単位。階層（レイヤ）構成になっている。
recipes	metaを構成するパッケージを作成するテキストファイル。作成するパッケージ単位に用意する。

● Raspberry Pi 4BでYoctoを起動するまでの流れ

それでは、実際にRaspberry Pi 4BでYoctoを起動してみましょう。起動までに必要な手順は以下の通りです。

- ホストPCでのYoctoのビルド
- YoctoのSDカードイメージのSDカードへの書き込み
- Raspberry Pi 4BボードへのSDカードの挿入
- ホストPCとUSB-シリアル変換モジュールを接続
- ホストPCへのUSB-シリアル接続モジュールのドライバの導入
- Raspberry Pi 4BとUSB-シリアル変換モジュールの接続
- ホストPCでTerminalソフトの起動
- Terminalソフトのシリアル通信設定の実施
- Raspberry Pi 4Bの電源を投入
- ホストPC上でのTerminalでの動作確認

● Yoctoでのビルド実行

まずは、AppendixのYocto構築手順に従ってビルドを実行します。ビルドには数時間を要しますので、作業時間を確保して実行してください。ビルドが完了しRaspberry Pi 4B用のSDカードイメージができあがったら、SDカードへ書き込みましょう。

◆ Rasberry Pi 4Bの起動確認

SDカードイメージができたら、Raspberry Pi 4Bの挿入ソケットにSDカードを挿入します。挿入ソケットは基板の背面にあります。

SECTION-27 ● 組込みLinuxのビルドと起動

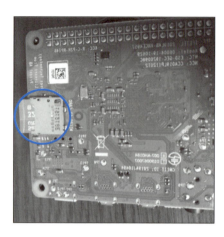

● SDカードの挿入

　SDカードを挿入し電源を投入すれば、Raspberry Pi 4Bが起動します。ただし、HDMIケーブルを接続したディスプレイには、起動ログが出ません。組込み開発の現場で頻繁に使われるシリアルコンソールを利用して、起動ログとログイン画面を確認しましょう。

◆ パソコンとの接続準備

　ホストとなるパソコンとの接続に使用するのは、USBケーブルです。

　Raspberry Pi 4Bは、USBケーブルでのシリアル接続ができないため、USB-シリアル変換モジュールを介して、ホストPCとRaspberry Pi 4Bを接続する必要があります。USB-シリアル変換モジュールは、秋葉原の電気屋さんに行けば手に入るので、探してみましょう。

　今回は、秋月電子さんのFT232RL USB-シリアル変換モジュール（AEUM232R）を利用しました。パソコンとUSB-シリアル変換モジュールを接続すると、OSによっては自動でドライバを導入してくれます。自動で導入されない場合は、メーカーのダウンロードサイトからダウンロードし手動でインストールしましょう。

●Raspberry Pi 4BとUSB-シリアル変換モジュールの接続

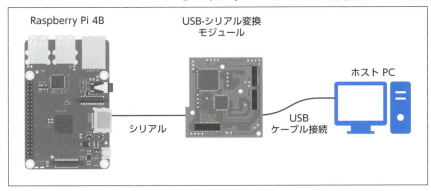

　ホストPCにUSB-シリアル変換モジュールのドライバが導入できたら、Raspberry Pi 4BとAE-UM232Rを接続します。Raspberry Pi 4BとAE-UM232R、それぞれのTX／RXがクロス接続になるよう接続しておきます。

●GPIOと変換モジュールの接続

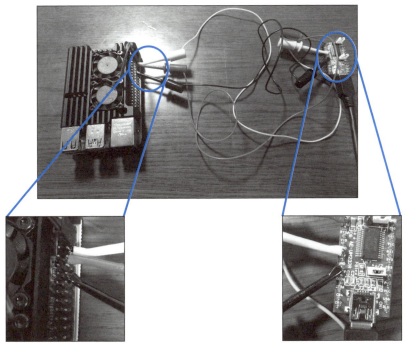

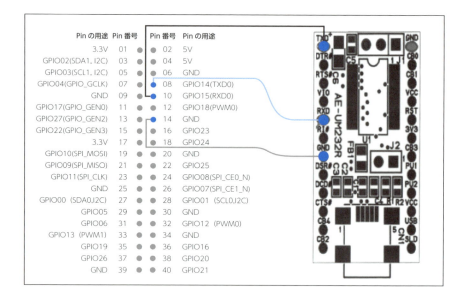

◆ホストPCでのTerminalソフトの設定

物理的な接続が完了したら、ホストとなるパソコン上でTerminalソフトを起動します。Windowsでは、オープンソフトのTera TermなどのTerminalソフトが公開されています。それを使って接続を実行してください。

なお、接続方法を選べるTerminalソフトの場合は、シリアル接続を選択して接続します。設定方法はTerminalソフトによって異なりますが、ここではTera Termの接続画面を紹介します。

●Tera Termの設定例

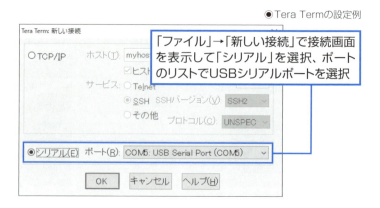

SECTION-27 ● 組込みLinuxのビルドと起動

◆ ホストPCからRasbrrey Pi 4Bへのログイン

　Tera Termを起動した状態で、Raspberry Pi 4Bの電源を投入すると、起動ログが表示されるのでパソコンでログインしてみましょう。rootと入力すれば、ログインすることができます。

● Tera Termでのログイン表示

```
[  OK  ] Started Login Service.
[  OK  ] Reached target Network.
[    6.252163] bcmgenet fd580000.genet: configuring instance for external RGMII (no delay)
[    6.260941] IPv6: ADDRCONF(NETDEV_UP): eth0: link is not ready
         Starting Avahi mDNS/DNS-SD Stack...
         Starting Permit User Sessions...
[  OK  ] Started Permit User Sessions.
[  OK  ] Started Avahi mDNS/DNS-SD Stack.
[  OK  ] Started Getty on tty1.
[  OK  ] Started Serial Getty on ttyS0.
[  OK  ] Reached target Login Prompts.
         Starting Hostname Service...
         Starting WPA supplicant...
[  OK  ] Started WPA supplicant.
[  OK  ] Started Hostname Service.
[    7.271887] bcmgenet fd580000.genet eth0: Link is Down
[   10.391799] bcmgenet fd580000.genet eth0: Link is Up - 1Gbps/Full - flow control off
[   10.399691] IPv6: ADDRCONF(NETDEV_CHANGE): eth0: link becomes ready
[   10.429062] 8021q: 802.1Q VLAN Support v1.8

Poky (Yocto Project Reference Distro) 3.0.2 raspberrypi4 ttyS0

raspberrypi4 login:
```

Linuxの起動ログが表示される

起動が完了するとログインプロンプトが表示される。rootでログインができる

SECTION-28

組込みLinuxの動作確認

　Raspberry Pi 4Bへのログインに成功したところで、組込みLinuxの動作確認に移ります。まずは、動作確認を行うための開発環境を整えましょう。

◉ Yocto再ビルドによるセルフ開発環境の導入

　組込み開発では、ホストパソコン上にクロス開発環境を構築してターゲット用にビルドしてテストするのが一般的です。しかし今回は、手軽にドライバの確認ができるようにセルフ開発環境にてRaspberry Pi 4B上でビルドを実行できるようにします。Yoctoで構築したビルド環境に、下線部分を追加して再ビルドします。再ビルドも初回のビルド同様時間がかかる作業なので、注意してください。なお、Yoctoのビルドは、中断した場合未完了の部分から再開することが可能です。

●セルフ開発環境用のlocal.conf

```
～省略～

#
# Extra image configuration defaults
#
# The EXTRA_IMAGE_FEATURES variable allows extra packages to be added to the generated
# images. Some of these options are added to certain image types automatically. The
# variable can contain the following options:
#  "dbg-pkgs"       - add -dbg packages for all installed packages
#                     (adds symbol information for debugging/profiling)
#  "dev-pkgs"       - add -dev packages for all installed packages
#                     (useful if you want to develop against libs in the image)
#  "ptest-pkgs"     - add -ptest packages for all ptest-enabled packages
#                     (useful if you want to run the package test suites)
#  "tools-sdk"      - add development tools (gcc, make, pkgconfig etc.)
#  "tools-debug"    - add debugging tools (gdb, strace)
#  "eclipse-debug"  - add Eclipse remote debugging support
#  "tools-profile"  - add profiling tools (oprofile, lttng, valgrind)
#  "tools-testapps" - add useful testing tools (ts_print, aplay, arecord etc.)
#  "debug-tweaks"   - make an image suitable for development
#                     e.g. ssh root access has a blank password
# There are other application targets that can be used here too, see
# meta/classes/image.bbclass and meta/classes/core-image.bbclass for more details.
# We default to enabling the debugging tweaks.
EXTRA_IMAGE_FEATURES ?= "debug-tweaks tools-sdk dev-pkgs tools-debug"
```

```
〜中略〜

# for kernel and user build
IMAGE_INSTALL_append = "kernel-devsrc git cmake"
```

　Yoctoでは、Linux OSの機能を拡張できるように様々なパッケージを提供しています。追加した部分は、カーネルドライバをセルフ環境でビルドできるようにするものです。

●再ビルドでの追加パッケージ

パッケージ名	内容
dev-pkgs	アプリケーション用のビルドに必要なライブラリ類を一式追加することができる。
tools-sdk	gcc、makeなどビルドに必要なツール類を一式追加することができる。
tools-debug	gdb、straceなどプログラムのデバッグ時に利用するツール類を一式追加することができる。
kernel-devsrc	カーネルドライバやカーネル自体のビルドができる環境を一式追加することができる。
git	git関連のツールを追加できる。
cmake	cmakeのツールを追加できる。

　ビルドが終わると、SDカードイメージに指定したツール類が導入され、ビルド環境として利用できるようになります。

　次にカーネルドライバのビルド準備をします。カーネルドライバやカーネルのビルドでは、時間が厳密に管理されているので、日時が狂っているとビルドできません。今回使用するRaspberry Pi 4Bでは、RTC(Real Time Clock)モジュールが搭載されていないため、正確な日時が設定されていません。カーネルドライバのビルド準備前に、正確な日時を設定しておきましょう。

　ビルドしたSDカードイメージをSDカードに書き込み、Raspberry Pi 4BにSDカードを挿入して起動します。起動したら、ログインして日時を設定します。日時の設定が終わったら、カーネルビルドを実行できるよう準備を進めます。makeコマンドを利用して、ビルドに必要なヘッダーファイルやスクリプトを用意しておきます。

```
date 101714412020 (現在の日時を入力)
cd /lib/$(uname -r)/build
make prepare
make archheaders
make scripts
```

SECTION-28 ● 組込みLinuxの動作確認

◉カーネルドライバのビルド準備

```
[   17.251159] Bluetooth: RFCOMM ver 1.11

Poky (Yocto Project Reference Distro) 3.0.4 raspberrypi4 ttyS0

raspberrypi4 login: root
Last login: Sun Sep 27 07:27:54 UTC 2020 on ttyS0
root@raspberrypi4:~# date
Sun Sep 27 07:28:05 UTC 2020
root@raspberrypi4:~# date 101714412020  ← 日時の設定
Sat Oct 17 14:41:00 UTC 2020
root@raspberrypi4:~# cd /lib/modules/4.19.93/build/  ← カーネルビルド環境に移動
root@raspberrypi4:/lib/modules/4.19.93/build# make prepare ← カーネルビルド環境に必要なモノの準備
root@raspberrypi4:/lib/modules/4.19.93/build# make archheaders ← CPU依存するヘッダーの準備
root@raspberrypi4:/lib/modules/4.19.93/build# make scripts ← カーネルビルドに必要なスクリプトの準備
```

◆ Hello Worldのドライバ

　カーネルのビルド環境が整ったら、カーネルドライバのビルドと実行をしてみましょう。ここでは、Hello Worldを表示するカーネルドライバをビルドし動作を確認します。

　Makefileでは、コンパイル時に生成されるOBJファイルの名前を指定しておき、make実行時にカーネルのビルド環境のディレクトリ（①）、最終的にOutputするディレクトリ（②）、カーネルドライバであることのmodules（③）を指定することで、".ko"が生成されるルールになっています。

　実際の動作を見てみましょう。適当なディレクトリを作って、ソースコードとMakefileを作成したら、makeを実行してビルドしてみましょう。

◆ Hello Worldカーネルドライバのソースコード

　ソースコードは、viコマンドを使って入力します。

```
mkdir work
vi hello.c
```

　ホストPCでTerminalソフトを使ってRaspberryPi 4Bにログインしている環境であれば、ホストPC上のエディタを使ってあらかじめ入力しておき、Terminalソフト上でコピー&ペーストすることも可能です。

●hello.c

```c
#include <linux/module.h>
#include <linux/init.h> ←カーネル用のヘッダファイルをインクルード

/**
 * [hello_init モジュールロード時に呼ばれます。]
 * @return [0:正常終了]
 */
static int __init hello_init(void) ←初期化関数
{
  printk(KERN_INFO "Hello World.\n"); ← printf の代わりに printk を使用
  return 0;
}

/**
 * [hello_exit モジュールアンロード時に呼ばれます。]
 * @return [0:正常終了]
 */
static void __exit hello_exit(void) ←終了関数
{
  printk(KERN_INFO "Goodbye.\n");
}

module_init(hello_init); ←ロード時カーネルが呼び出す初期化関数を指定
module_exit(hello_exit); ←アンロード時カーネルが呼び出す終了関数を指定

MODULE_LICENCE("GPL"); ←ドライバのライセンス定義
```

　このソースコードでは、初期化関数と終了関数を記述しています。ドライバをロードすると初期化関数が呼ばれます。初期化関数では、printk()関数でカーネルのログに「Hello World」を表示しています。カーネルドライバではprintf()が使用できないため、代わりにprintk()を利用しています。カーネルのログは、dmesgコマンドで参照可能です。初期化関数が正常終了した場合、0を返します。

　ドライバをアンロードする際は、終了関数が呼ばれます。終了関数ではprintk()を使って、カーネルのログに「Goodbye」を表示しています。終了関数は、静的リンクでは呼び出されません。

◆ Hello Worldカーネルドライバのビルド

　ビルド時に利用するMakefileは、以下のようになります。カーネルのドライ

バは、".ko"という拡張子で生成されます。

●Makefile
```
obj-m := hello.o

all:
        make -C /lib/modules/$(shell uname -r)/build M=$(PWD) modules
             ─────────────────────────────────────  ──────────  ───────
                             ①                         ②          ③
clean:
        make -C /lib/modules/$(shell uname -r)/build M=$(PWD) clean
```

　Makefileでは、コンパイル時に生成されるOBJファイルの名前を指定しておき、make実行時にカーネルのビルド環境のディレクトリ(①)、最終的にOutputするディレクトリ(②)、カーネルドライバであることのmodules(③)を指定することで、".ko"が生成されるルールになっています。
　実際の動作を見てみましょう。適当なディレクトリを作って、ソースコードとMakefileを作成したら、makeを実行してビルドしてみましょう。

```
cd work
make
```

●makeの実行結果
```
root@raspberrypi4:~/work# make
make -C /lib/modules/4.19.93/build M=/home/root/work modules
make[1]: Entering directory '/lib/modules/4.19.93/build'
  CC [M]  /home/root/work/hello.o
  Building modules, stage 2.
  MODPOST 1 modules
  CC      /home/root/work/hello.mod.o
  LD [M]  /home/root/work/hello.ko
make[1]: Leaving directory '/lib/modules/4.19.93/build'
root@raspberrypi4:~/work#
```

　ビルドが完了すると、hello.koが生成されているはずです。

●lsの実行結果
```
root@raspberrypi4:~/work# ls
Makefile       hello.c    hello.mod.c  hello.o
Module.symvers hello.ko   hello.mod.o  modules.order
```

◆Hello Worldカーネルドライバの実行

ビルドしたHello Worldカーネルドライバを、実際のボード上で動作させてみましょう。生成されたhello.koをinsmodコマンドを使って、カーネルドライバとしてカーネルのメモリ空間にロードします。

◉insmodの実行結果

```
root@raspberrypi4:~/work# insmod hello.ko
[ 3483.656771] hello: loading out-of-tree module taints kernel.
[ 3483.665293] Hello World.
```

ロードが正常に完了すると、コンソール上にロードがされたメッセージと、「Hello World」が表示されます。

実際にロードができたことを確認するには、lsmodコマンドを使用します。lsmodコマンドは、カーネルがロードしているドライバの種類を見ることができるコマンドです。カーネルの動作ログは、dmesgコマンドを使って確認できます。

◉lsmodの実行結果

```
root@raspberrypi4:~/work# lsmod
Module                  Size  Used by
hello                  16384  0
rfcomm                 53248  2
bnep                   20480  2
hci_uart               40960  1
btbcm                  16384  1 hci_uart
serdev                 20480  1 hci_uart
bluetooth             397312  29 hci_uart,bnep,btbcm,rfcomm
ecdh_generic           28672  1 bluetooth
brcmfmac              319488  0
brcmutil               20480  1 brcmfmac
```

リストにHello Worldカーネルドライバが含まれていることが確認できます。カーネルの動作ログは、dmesgコマンドを使って確認できます。

```
dmesg | tail -1
```

◉dmesgの実行結果

```
[ 3483.656771] hello: loading out-of-tree module taints kernel.
[ 3483.665293] Hello World.
```

SECTION-28 ● 組込みLinuxの動作確認

◆ Hello Worldカーネルドライバのアンロード

今度はドライバをアンロードしてみましょう。ロードされたドライバをアンロードするには、rmmodコマンドを利用します。続いてlsmodコマンド、dmesgコマンドも実行してみましょう。

```
rmmod hello.ko
lsmod
dmesg | tail -1
```

●カーネルドライバのアンロード

```
root@raspberrypi4:~/work# rmmod hello.ko
[ 4696.826934] Goodbye.
root@raspberrypi4:~/work# lsmod
Module                  Size  Used by
rfcomm                 53248  2
bnep                   20480  2
hci_uart               40960  1
btbcm                  16384  1 hci_uart
serdev                 20480  1 hci_uart
bluetooth             397312  29 hci_uart,bnep,btbcm,rfcomm
ecdh_generic           28672  1 bluetooth
brcmfmac              319488  0
brcmutil               20480  1 brcmfmac
bcm2835_codec          36864  0

～ 中略 ～

root@raspberrypi4:~/work# dmesg |tail -1
[ 4696.826934] Goodbye.
```

今度はドライバをアンロードしてみましょう。ロードされたドライバをアンロードするには、rmmodコマンドを利用します。rmmodeコマンドを使うと、コンソール上にGoodbyeというメッセージが表示されます。

lsmodコマンドを実行すると、hello.koがアンロードされていることが分かります。dmesgコマンドを実行してみると、カーネルログ上にGoodbyeというログが残っていることが分かります。

Linux OSでのドライバ動作確認は手軽にできます。間違ったドライバでもエラー表示を確認できるので、専門図書を参考にドライバの開発にチャレンジしてみてください。

◆ アプリケーションからのドライバ操作

実際にアプリケーションからカーネルドライバを操作するためには、システムコールインターフェースを使います。実際にシステムコールを使って、ドライバを操作してみましょう。

ドライバは、初期化時にデバイスファイルを作成します。デバイスファイルの作成時には、どのドライバがどのデバイスファイルを使うのか、対応を明確にしておく必要があります。デバイスファイル名に対応する番号がメジャー番号です。

●デバイスドライバの操作

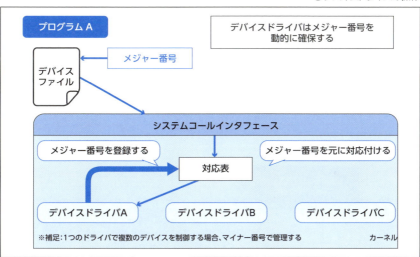

ドライバの初期化が正常に終わると、ユーザ空間の/dev位置に、該当のデバイスファイルが作成されます。このデバイスファイルを、システムコールを使って操作します。

●システムコールによる操作

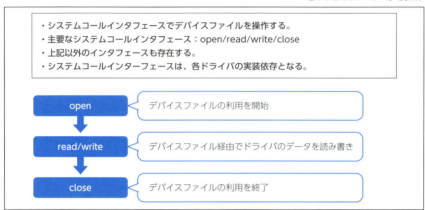

　今回のサンプルのソースコードを提供します。ソースコードの解説は省略しますが、以下の動作が確認できます。ソースコードとにらめっこして、実際にビルドを行って動作確認をして、内容を理解することで、Linux OSの動作やアプリケーションの動作が理解できます。是非チャレンジしてください。

●サンプルの操作

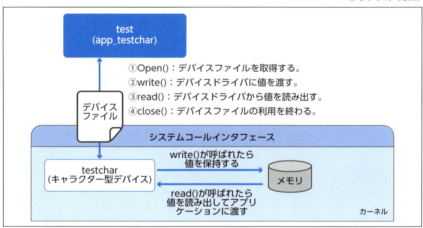

COLUMN Linux Kernelのソースコード

　Kernelのソースコードは数千万行という膨大な量になっています。すべてのソースコードを把握するには相当な時間がかかります。問題が発生した場合など、grepに頼った検索もいいですが、以下のようなページで図的に理解しておくと、ソースコードの理解や機能の理解にもつながりますので、是非利用してください。
　http://www.makelinux.net/kernel_map/

sysfsの利用

　sysfsを使って、Lチカ LEDのON/OFFを実行してみましょう。sysfsに提供されているファイルやディレクトリを理解することで、デバイスドライバがハードウェア制御を抽象化していることを理解することができます。sysfsを利用することで、手軽にシェルスクリプトを使ってハードウェアの動作確認などができますので、是非利用していきましょう。
　LEDのON/OFFを操作するには、GPIOを制御することになります。Raspberry Pi 4Bとブレッドボードの接続方法と回路イメージは、以下のようになります。

●Raspberry Pi 4BとLEDの接続

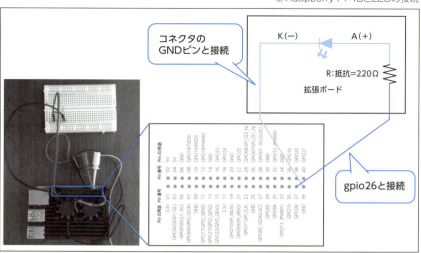

◆ GPIOの設定

接続が完了したら、GPIOを操作します。echoコマンドで番号を/sys/class/gpio/exportに入力すると、入力番号のGPIOを有効にすることができます。今回は、GPIO26番を有効にしています。

```
ls /sys/class/gpio
echo 26 > /sys/class/gpio/export
cd /sys/class/gpio
ls
```

● GPIOの切り替え

```
root@raspberrypi4:~# ls /sys/class/gpio/
export  gpiochip0  gpiochip100  gpiochip504  unexport
root@raspberrypi4:~# echo 26 > /sys/class/gpio/export
root@raspberrypi4:~# cd /sys/class/gpio/
root@raspberrypi4:/sys/class/gpio# ls
export  gpio26  gpiochip0  gpiochip100  gpiochip504  unexport
root@raspberrypi4:/sys/class/gpio#
```

◆ GPIOの直接操作

初期状態では、GPIOからの出力は行えません。catコマンドにてdirection（入出力の向き）を確認すると、初期状態ではin（入力）になっています。echoコマンドにてout（出力）を設定することで、出力に変更できます。出力に変更したら、実際に点滅させてみます。valueに1を書き込むことでHigh（1）、valueに0を書き込むことでLow（0）を出力できるようになります。実際に値を変化させると、LEDが点灯／滅灯することを確認できます。

```
cd /sys/class/gpio/gpio26/
ls
cat direction
echo out > direction
echo 1 > value
echo 0 > value
```

●GPIO直接操作でのLED点滅

```
root@raspberrypi4:~# cd /sys/class/gpio/gpio26
root@raspberrypi4:/sys/class/gpio/gpio26# ls
active_low  device  direction  edge  power  subsystem  uevent  value
root@raspberrypi4:/sys/class/gpio/gpio26# cat direction
in
root@raspberrypi4:/sys/class/gpio/gpio26# echo out > direction
root@raspberrypi4:/sys/class/gpio/gpio26# echo 1 > value
root@raspberrypi4:/sys/class/gpio/gpio26# echo 0 > value
```

sysfsを使うことで手軽にハードウェア制御ができることが分かります。

OSSの利用

続いて、LEDを操作するソフトウェアを実行します。Linux OSを利用する場合、既に作成されているパッケージを手軽に利用できるというメリットがあります。LED制御も、外部の「wiringPi」というプロジェクトで公開しているLED制御用のパッケージを利用することで、手軽に実現できます。

実は、Yoctoのディストリビューションには、「wiringPi」は、パッケージとして導入されています。ここではあえて、gitコマンドを使うことにします。Linux OSは、gitコマンドと密接に関係しています。オープンソースの開発では、gitでリポジトリといわれるソースコードを構成管理しています。Linux OSの開発においては、gitコマンドを利用できるスキルが必要です。最低限gitコマンドのadd、clone、commit、diff、log、pull、pushくらいは理解しておきたいところです。今回は、gitコマンドのcloneのみ使用しますが、その他のコマンドも理解しましょう。

Raspberry Pi 4Bもネットワーク環境さえ整備すれば、インターネット上のOSSを手軽に利用できます。実際にwiringPiを導入してみましょう。

◆ ネットワークの設定(無線LAN設定)

GitHubに公開されているwiringPiのソースコードを入手するには、ネットワーク設定が必要です。今回、Rasbrrey Pi 4Bに導入したイメージをcore-image-baseしたので、無線LANを利用します。

無線LANの設定には、connmactlコマンドを利用します。

SECTION-28 ● 組込みLinuxの動作確認

```
connmactl
connmactl> enable wifi
connmactl> agent on
connmactl> scan on
connmactl> services
connmactl> connect "アクセスポイントのpsk名"
connmactl> quit
```

● 無線LANでのネットワーク設定

```
root@raspberrypi4:~# connmanctl
Error getting VPN connections: The name net.connman.vpn was not provided by any
connmactl> enable wifi
connmactl> [ 1482.423040] IPv6: ADDRCONF(NETDEV_UP): wlan0: link is not ready
[ 1482.429068] brcmfmac: brcmf_cfg80211_set_power_mgmt: power save enabled
Enabled wifi
connmactl> agent on
Agent registered
connmactl> scan on           アクセスポイントのSSID
Scan completed services
connmactl> services
    ****-****-b*f       wifi_dca6329d1da7_4847383034352d393539442d6267_managed_psk
    ****-****           wifi_dca6329d1da7_4847383034352d393539442d61_managed_psk
    ****-****-***       wifi_dca6329d1da7_494f444154412d39316137356612d3247_managed_psk
connmactl> connect wifi_dca6329d1da7_4847383034352d393539442d61_managed_psk
Agent RequestInput wifi_dca6329d1da7_4847383034352d393539442d61_managed_psk
  Passphrase = [ Type=psk, Requirement=mandatory, Alternates=[ WPS ] ]  SSIDのパスワード
  WPS = [ Type=wpspin, Requirement=alternate ]
Passphrase? ****************                                SSIDのIPアドレス
connmactl> [ 1872.687223] IPv6: ADDRCONF(NETDEV_CHANGE): wlan0: link becomes ready
Connected wifi_dca6329d1da7_4847383034352d393539442d61_managed_psk
connmactl> quit
root@raspberrypi4:~# ifc[ 1880.179948] IPv4: martian source 255.255.255.255 from 11/ 1*
on dev wlan0
```

無線LANの設定が完了したら、ネットワークの接続状態を確認します。ネットワークの接続状態を確認するには、ifconfigコマンドを利用します。

● 無線LANの設定確認

```
root@raspberrypi4:~# ifconfig

～ 中略 ～

          collisions:0 txqueuelen:1000
          RX bytes:6080 (5.9 KiB)  TX bytes:6080 (5.9 KiB)

wlan0     Link encap:Ethernet  HWaddr DC:A6:32:9D:1D:A7
          inet addr:192.168.1.9  Bcast:192.168.1.255  Mask:255.255.255.0
          inet6 addr: fe80::dea6:32ff:fe9d:1da7/64 Scope:Link
          inet6 addr: 2407:c800:5a43:ffcb:dea6:32ff:fe9d:1da7/64 Scope:Global
          UP BROADCAST RUNNING MULTICAST  MTU:1500  Metric:1
          RX packets:14 errors:0 dropped:0 overruns:0 frame:0
          TX packets:49 errors:0 dropped:0 overruns:0 carrier:0
          collisions:0 txqueuelen:1000
          RX bytes:2190 (2.1 KiB)  TX bytes:9319 (9.1 KiB)
```

◆wiringPiの導入

gitコマンドを使って、wiringPiのソースコードを入手します。gitコマンドを使うことで、インターネット上に公開されているソースコードを入手することができます。

```
git clone https://github.com/WiringPi/WiringPi.git
```

●gitコマンドでのソースコードの入手

```
root@raspberrypi4:~# git clone https://github.com/WiringPi/WiringPi.git
Cloning into 'WiringPi'...
remote: Enumerating objects: 1442, done.
remote: Total 1442 (delta 0), reused 0 (delta 0), pack-reused 1442
Receiving objects: 100% (1442/1442), 752.29 KiB | 953.00 KiB/s, done.
Resolving deltas: 100% (903/903), done.
root@raspberrypi4:~#
```

gitコマンドでwiringPiのソースコードが入手できたら、ビルドを実行します。ビルド前に準備として、wiringPiのビルド時の生成物を格納するディレクトリ（/usr/local/bin、/usr/local/include、/usr/local/lib）を作っておきます。

```
mkdir -p /usr/local/bin
mkdir -p /usr/local/include
mkdir -p /usr/local/lib
```

ビルド実行前に、wiringPiのビルドスクリプトを編集します。一ヵ所だけ、sudoが使われている個所があるので、コメントアウトしておきましょう。wiringPiはraspbianというディストリビューション向けに開発されていますので、Yoctoで利用する際は少々の手直しが必要になることがあるのです。

```
cd WiringPi/
vi build
```

```
～ 省略 ～

# sudo=${WIRINGPI_SUDO-sudo}

～ 省略 ～
```

SECTION-28 ● 組込みLinuxの動作確認

　修正が終わったら、ビルドを実行します。ビルドが完了すると、プログラム作成に必要なインクルードファイルやライブラリが/usr/localのディレクトリ配下に準備されます。

```
./build
```

●buildファイル修正とビルドの実行

```
root@raspberrypi4:~/WiringPi# mkdir -p /usr/local/bin
root@raspberrypi4:~/WiringPi# mkdir -p /usr/local/include
root@raspberrypi4:~/WiringPi# mkdir -p /usr/local/lib
root@raspberrypi4:~/WiringPi#
root@raspberrypi4:~/WiringPi# vi build
root@raspberrypi4:~/WiringPi# ./build
```

◆LED制御のプログラム

　wiringPiを導入できたら、実際にLEDが点滅するプログラムを作ってみましょう。GPIOは、sysfsのところで使った26番を利用します。最初にwiringPiSetupGpio()関数を呼んで、gpioの初期設定を実行します。次にpinMode()関数を呼び、gpioを出力に設定します。digitalWrite()を使って、LEDの点灯/滅灯するためにgpioにHigh(1)/Low(0)を繰り返し一定期間、一定間隔で書き込みます。

```
mkdir led
cd led
vi led.c
```

●led.cのエディット内容

```c
#include<wiringPi.h>

#define GPIO26 26

int main(void){
        int i;

        if (wiringPiSetupGpio() == -1){
                return 1;
        }
```

```
            pinMode(GPIO26, OUTPUT);

            for (i=0; i<10; i++){
                    digitalWrite(GPIO26, 0);
                    delay(850);
                    digitalWrite(GPIO26, 1);
                    delay(150);
            }

            digitalWrite(GPIO26, 0);

            return 0;
    }
```

　エディットが終わったら、ビルドを実行します。今回はMakefileは用意していないので、gccにてビルドを実行しましょう。ビルドが完了したら、できあがったledコマンドを実行してみてください。LEDが点滅すると思います。

●led.cのビルドと実行

```
root@raspberrypi4:~# mkdir led
root@raspberrypi4:~# cd led/
root@raspberrypi4:~/led# vi led.c


root@raspberrypi4:~/led# gcc -o led led.c -I/usr/local/include -L/usr/local/lib -lwiringPi
root@raspberrypi4:~/led# ./led
```

　Linux OSやOSSを利用することで、最初から作らなくても、OSSの部品を利用することで簡単にプログラムを動かせることが理解できたかと思います。しかしながら簡単に試すことができる反面、何か問題があった場合は自己責任で解決することが求められます。Linuxはドキュメントがあるとは限らない世界ですので、インターネットでの検索による情報収集やソースコードを読み解くスキルを高めていく必要があります。また、gitコマンドを使って、利用したソースコードを公開、共有することでコミュニティからのアドバイスなども受けられるメリットもあるので、gitコマンドの利用方法を把握して、コミュニティへの貢献もしていきましょう。

SECTION-28 ● 組込みLinuxの動作確認

🌐 組込みLinux開発で注意すべきポイント

　OSSを利用した開発は、自己責任で進めなければなりません。自社の製品開発においてOSSを利用する場合、品質面の担保などが自社の責任になります。コミュニティとの連携による品質面の改善も考えられますが、コミュニティはあくまでも無償で貢献してくれている方々です。製品を開発している訳ではないので、自社の都合通りには動いてはくれません。

　Linux OSを使った組込み機器の製品開発では、SoCベンダーのリファレンスボードと製品ボードでハードウェアが違ってしまい、ドライバソフトウェアがLinux OSでサポートされておらず、自社で開発しなければならなくなることが多くあります。ハードウェア開発とソフトウェア開発が並行して行われる組込み開発においては、ハードウェア部門が単価、入手性によって部品を決めてしまうことがあります。部品が決まり、製品ボードができてLinux OSを起動したところで、ドライバソフトウェアがないことに気づき、開発しなければならない場面が多く見受けられます。

　この場合、自社で開発した部分は、自社責任でメンテナンスしなければならなくなります。OSS開発においてもう1つあるのが、自社のソフトウェアを作るために過去資産といわれるソフトウェア部品を流用ソフトウェアとして利用することです。過去資産を活用するのは簡単です。ビルド、動作も簡単にできます。しかし、RTOSやWindowsなどで開発していたソフトウェアなどであった場合、Linux OSのアーキテクチャとは合わない部分があるため、結合試験など後工程に進むにしたがって、性能や修正しきれいないバグが多く出てしまうこともあります。開発コストが増大して2倍、3倍となったしまった火事現場を過去に多く見てきましたし、その改善に関わったこともあります。

●組込みLinuxでの開発コスト増加の要因

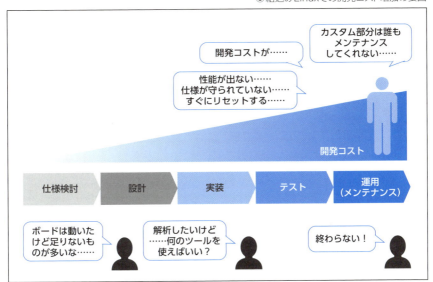

　Linux OSやAndroid OSなどOSSを活用して製品開発する場合には、製品開発の上流設計において、利用するOSなどがサポートしている内容を事前に調査し、把握しておく必要があります。特にサポートされていないハードウェアを利用するにあたっては、ハードウェア部門との調整を行い、OSがサポートしているものを利用するようにしたり、過去資産を利用する場合は、単純移植ではなく、OS機能の把握をした上で、OSに移植するアーキテクチャ設計をするなどとOSSを活用するための開発プロセスを推進することで、開発工数削減につながります。

　もう一方で、OSSは一般に公開されているため、製品利用にあたっては、セキュリティに対する留意が必要になります。OSSは、ソースコード自体が公開されているため、悪意を持った人がソースコードのバグを突いて、製品に侵入し、ソフトウェアの改ざんやウィルス、マルウェアなどを仕込む恐れがあります。こういった事態が発生すると、組込み製品が踏み台にされて、他のシステムへの攻撃に利用される可能性もあります。利便性の反面、リスクもある点に注意して利用していきましょう。また、品質面の担保は自分自身でやらなければならないため、テスト設計やテストプロセスを確立した品質確保が求められるでしょう。

SECTION-28 ● 組込みLinuxの動作確認

● OSSに存在する脆弱性

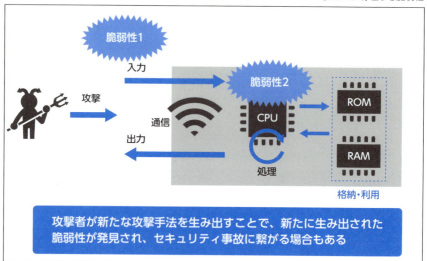

攻撃者が新たな攻撃手法を生み出すことで、新たに生み出された脆弱性が発見され、セキュリティ事故に繋がる場合もある

COLUMN Raspberry Pi 4の改版にあたって

今回、Raspberry Pi4でyoctoを利用するにあたって、mickeyさんにコンタクトしたところサポートを頂けました。アプリケーションからのドライバ操作部分では、mickeyさんの友達の@LDScellさんをご紹介頂き、参考になるソースや情報を頂けました。こういったコミュニケーションもオープンにできるのが、Linuxのよいところなのかもしれません。mickeyさん、@LDScellさん、ありがとうございました。

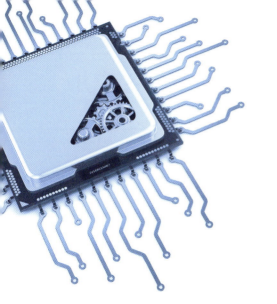

CHAPTER 08

組込みソフトウェアの開発プロセス

▶▶▶ 本章の概要

　世の中に存在するコンピュータを搭載した機器の開発がどのように行われているか、想像してみてください。学校の授業で作ったような工作レベルの製品では売り物になりませんし、安心して利用することもできません。組込みシステムは、品質を含む製品の特性を考慮した開発プロセスを通じて、製品を作り上げています。ここでは、製品全体の開発プロセスから、組込みソフトウェア開発の具体的な作業プロセスを紹介します。

SECTION-29
組込みシステムのライフサイクル

　組込みシステムは、多種多様な領域で製品やシステムとして利用されています。これらの製品やシステムは、Webやアプリなどと違い、ハードウェアとして販売・提供・利用されています。組込みシステムの一番の特徴は、ハードウェアという物体が存在し、そこにコンピュータが搭載されていることです。

　製品やシステムは、企画から始まり、設計・生産を経て利用されます。利用されている期間には保守やサポートなどの仕事が発生します。市場に製品やシステムを出してしまうと、品質などの問題の対応に多くのコストを要してしまいます。

●製品やシステムのライフサイクル

　近年は、ネットワークに接続される機器が増え、組込みソフトウェアの更新によって品質問題を解決するケースが増えています。宇宙に送り出す人工衛星も、低速な通信にはなりますが地球からソフトウェアを更新する機能があり、色々なケースに柔軟に対応できるようになっています。自動車は以前から、ディーラーでの点検の際に故障診断やソフトウェア更新が行われています。

　しかし、これらは全ての機器やシステムが兼ね備えている機能ではありませんし、この機能で対応できる問題だけとは限りません。また、物理的な物体が存在するため、廃棄についても考慮が求められます。金属やプラスチックの

分別を可能にし、リサイクル率を上げた製品も出荷されていることは、世に知られている事項です。さらに、廃棄の際に製品やシステムに記録されている個人情報や企業の情報が流出しないようにするといった考慮も求められています。

　製品やシステムの設計に注目すると、大きな特徴が2つあります。1つは製品やシステムの市場供給を可能な限り早く実現するために、各種設計を同時並行に実施するコンカレント開発、もう1つはテストや生産、保守を想定した事項について、事前に考慮した設計を行うフロントローディング(DfX:Design for X)の2つです。

●設計の同時進行とフロントローディング

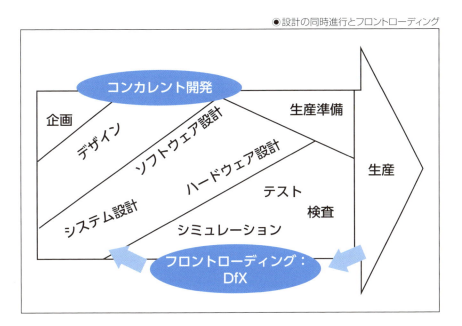

SECTION-30
組込みシステムの開発手法

◉ コンカレント開発

　コンカレント開発は、製品やシステムの市場供給を可能な限り早く実現するために、各種設計を同時並行に実施します。ハードウェアの設計が完了していない段階で、そこで動作する組込みソフトウェアの設計を進めます。ハードウェアの状態を読み取るインターフェースが決まっていない段階で、ソフトウェアがハードウェアにどうアクセスするかといった設計も行うことになります。

　ハードウェア設計のみが先に進みすぎている場合には、組込みソフトウェア側での制御が未定のままでインターフェースが決められてしまいます。この場合は、制御が困難になるなどの問題が発生するかもしれません。

　ハードウェアはソフトウェアと異なり、簡単に修正できないため、組込みソフトウェア側での対策にて対応することが多々あります。ただし、性能や品質に大きな影響があると予想されるケースでは、ハードウェアの設計変更をするか、それともソフトウェアで対応するか、判断が求められます。

　コンカレント開発は、ハードウェアとソフトウェアの設計が同時に進行するだけでなく、箱・筐体などのデザインやメカなどの機構も同時に進行します。また製造に時間を要するLSI(Large-scale Integrated Circuit)の設計も同時に進行する場合もあります。LSIの場合、前述したようなインターフェースの変更といった手戻りは多くの時間とコストを要するため、可能な限り早い段階でインターフェースなどの条件を決めることが求められます。

　ハードウェアやLSIの回路などをパソコンやワークステーション上でシミュレーションし、早い段階で組込みソフトウェアを含めた動作検証をすることも行われています。

●コンカレント開発は各種設計が同時進行

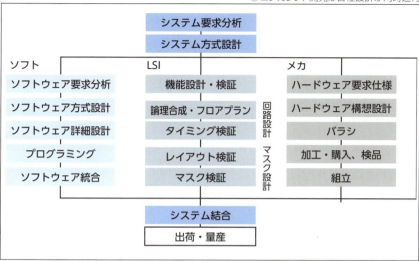

フロントローディング

　フロントローディング(DfX:Design for X)は、製品やシステムの全ライフサイクルにて考慮すべき事項を、上流の設計にて考慮し、機能などとして具備するなど対策を施す開発手法です。

　例えば製品やシステムのライフサイクルの一番最後となる廃棄については、廃棄される場合を想定した機能を具備することになります。例えば自動車のエアバッグ装置は、自動車の廃棄の際に安全に爆発させ、廃棄の際に事故につながらないような機能が具備されています。他にもエコへの対応として、環境適応度に関する評価基準を設け、レビューや評価によるデータを収集し、改善を図る取り組みも行われています。

　このような環境に関するフロントローディングは、DfE(Design for Environment)と呼ばれます。DfEでは、製品やシステムの利用者の声も商品企画や要求定義の際に利用されます。お客様相談センターに寄せられる声や顧客満足度調査の結果は、営業やサポート部門からフィードバック要求書などの形で、設計部門に情報展開されていきます。

　工場での検査を効率的に行うための方策も、フロントローディングで設計時に機能が具備されます。

例えば、カーナビなどのディスプレイ表示を検査・調整する際には、人が目視し調整するのではなく、調整用治具パソコンなどでチェックし結果を反映するインターフェースを具備するといったことが行われています。検査・調整作業の効率化は、製品やシステムのコストやリードタイムに対して大きなインパクトがあります。組込みシステムの場合、量産生産数が数千から数万と非常に多いケースもあるため、検査・調整時間の短縮が量産効率の向上につながります。

この生産や検査に関するフロントローディングは、DfM(Design for Manufacturability)やDfT(Design for Testability)と呼ばれています。

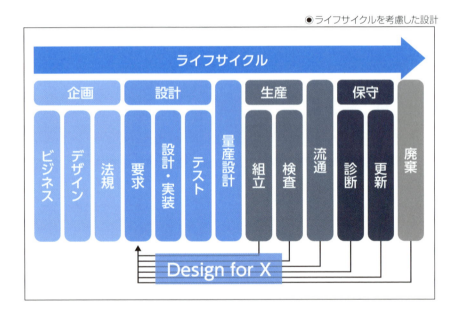

●ライフサイクルを考慮した設計

組込みソフトウェア開発プロセスのV字モデル

組込みソフトウェアの開発プロセスは、V字モデルで表現されることが多く見受けられます。基本的には、エンタープライズ系のソフトウェア開発と同じプロセスといっても問題ありません。

ビジネスやマーケティングとしての成果物である製品やシステムの企画書をベースに、具体的なモノを作り上げていくことになります。企画書などに記載される抽象的な表現な情報や、企画書では省かれている、もしくは考慮されていない事項を明確にしながら、詳細化や細分化しながら具体的なモノを開発します。

製品で具備する要求を明確にして、それをハードウェアとソフトウェアでどのように機能分担して実現するか設計します。実現方法が決まれば、組込みソフトウェアとしての実現方法を設計し、プログラムコードにして、組込みシステムのコンピュータ上で動作できるようにします。

そして、それらが設計通りに作られているかをテストし、仕様通りに作られているか妥当性確認する作業を行います。テストや妥当性の確認には対応する設計工程が存在し、それぞれの設計工程でのアウトプット（設計情報）をベースに確認します。V字モデルの左側は詳細化の流れで、右側は確認の流れで、それぞれの工程が左右で対応しています。

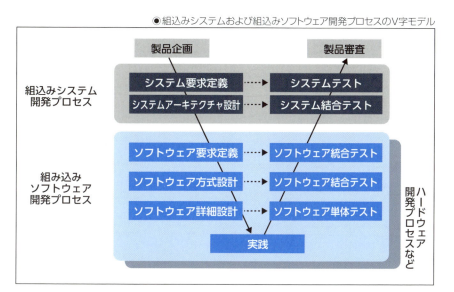

●組込みシステムおよび組込みソフトウェア開発プロセスのV字モデル

組込みシステム開発プロセス

製品のハードウェアを含めた設計は、この組込みシステム開発プロセスにて具体化されます。企画書などに記載される情報を基に、開発対象である製品に関する情報を、システム要求仕様書やシステムアーキテクチャ設計書として具体化していきます。そして、それらのドキュメントをベースに、テストや妥当性確認の作業を行い、開発した製品やシステムを生産工程に引き渡します。

以降で記載する開発プロセスは、IPAが作成したESPR(組込みソフトウェア向け開発プロセスガイド)を参考にしています。

> **COLUMN**
> ### ESPR(組込みソフトウェア向け開発プロセスガイド)
>
> 経済産業省が組込みソフトウェアの開発力強化を目的に作成した「ESPR」という書籍があります。組込みソフトウェア開発をしている自動車や家電メーカーの有識者や、大学の先生が集まり、知見を共有したものです。過去に学術的に整理された内容に加え、その時点での各企業の取り組みも反映した内容になっています。書籍として発売されていますが、同じ内容のPDFを無料で入手可能です。
> https://www.ipa.go.jp/sec/publish/tn07-005.html

SECTION-31

システム要求定義

　組込みシステム開発プロセスの最初の段階であるシステム要求定義では、企画書などの情報を基に情報を確認・整理し、製品に求められる要求事項をまとめ整理したシステム要求仕様書を作成します。システム要求仕様書には製品に具備すべき機能である機能要求や、製品に求められる各種品質など非機能要求、そしてそれらを実現する際の制約事項を定義しておきます。

　機能要求は、システム間や対ユーザーとのインターフェースを定義し、製品の入力に対しての出力（アクションや蓄積など）を具体化します。ユーザーシナリオやユースケース、アクティビティ図、インターフェース図など各種ドキュメントも作成します。

　機能要求以外の要求である非機能要求では、製品に求められる信頼性や保守性、移植性などを具体的に定義します。非機能要求については、ソフトウェア品質特性（JIS X 0129：ISO/IEC 9126）の項目を参考に、各社で具体的な非機能要求に関する定義がされてます。

- 機能性: 合目的性、正確性、相互運用性、セキュリティ／機密性、機能性標準適合性
- 信頼性: 成熟性、障害許容性、回復性、信頼性標準適合性
- 使用性: 理解性、習得性、運用性、魅力性／注目性，使用性標準適合性
- 効率性: 時間効率性、資源効率性、効率性標準適合性
- 保守性: 解析性、変更性、安定性、試験性、保守性標準適合性
- 移植性: 環境適応性、設置性、共存性、置換性、移植性標準適合性

　組込みシステムでは製品ごともしくは利用者ごとに、求められる要求の優先度が異なります。医療機器では信頼性や保守性が重要視されますが、コンシューマ機器では使用性や効率性が重要視されます。ただし最優先される要求が変わるだけで、他の要求について求められないわけでありません。限られたコストや納期において、何を優先し実現するのかを整理し、最適解を探すのが要求定義になります。

　近年では、セキュリティ／機密性が重要視されています。ネットワーク接続

SECTION-31 ● システム要求定義

される製品では必須の事項であり、定義される要求は増加し続けています。要求仕様は、漏れなく矛盾なく定義する必要がありますが、優先度を明確にし、トレードオフ分析など情報整理と判断によって定義します。場合によっては製品企画担当者や顧客、エンドユーザーなどのステークホルダーと調整しながら定義を進めます。

SECTION-32
システムアーキテクチャ設計

システムアーキテクチャ設計では、システム要求定義で作成されたシステム要求仕様書を基に、ハードウェアを含むシステムアーキテクチャ設計書を作成します。まずハードウェアとソフトウェアなどの役割・機能分担を考え、それぞれの構成や振る舞いを具体化します。それぞれの機能間のインターフェースや制約事項を明確にし、以降のハードウェアやソフトウェアが個別に設計できるようにします。

システムに対する要求をハードウェアで実現する場合、基板に部品を搭載する方法に加え、LSIやFPGA（field-programmable gate array）で実現すべきなのか検討する場合もあります。

●システムLSI、FPGAの採用検討

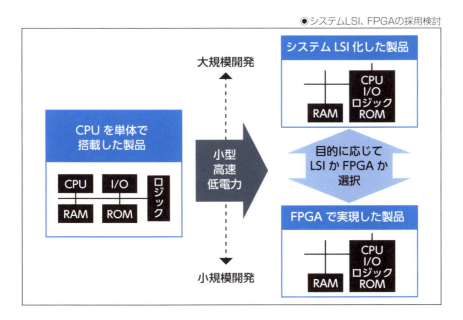

ソフトウェアで実現する場合、組込みソフトウェアとして工場出荷時ROMやFlashROMに書き込み搭載するのか、書き換え（ソフトウェア更新）を可能にするかなどを検討します。

既存製品の流用や市販部品の活用（make or buy）も検討し、製品を実現

する方法を具体化します。これらは、システム要求仕様書に記載されるQCD（Quallity, Cost, Delivery）を考慮し、最適な実現方法を選択します。

　組込みシステムで求められる代表的な要求に、低消費電力やクイックレスポンスがあります。パソコンやスマホなどの汎用コンピュータと比較し、専用機器で実現される組込みシステムは、このような項目がビジネス的に差別化項目となります。

　オーディオプレイヤーでは、SDカードなど大容量Flashメモリに格納されるファイルをデコードして音楽を再生します。この場合、マイコンが大容量メモリからハードウェアのデコード回路のメモリにコピーを繰り返します。マイコンが動作することで電力を消費し、製品の稼働時間が短くなります。

　低消費電力を実現する方法には、再生をトリガーにしマイコンが大容量メモリからデコード回路のメモリへ曲ごとといった大きな単位でコピーすること、などがあります。再生時はマイコンの動作を可能な限り削減し、低消費電力な専用回路であるハードウェアで音楽を再生するのです。

　このように、システムアーキテクチャ設計では要求仕様（消費電力など）を実現するため、ハードウェアとソフトウェアの機能分担、メモリ容量、それぞれの振る舞いを検討しながら設計を進めます。

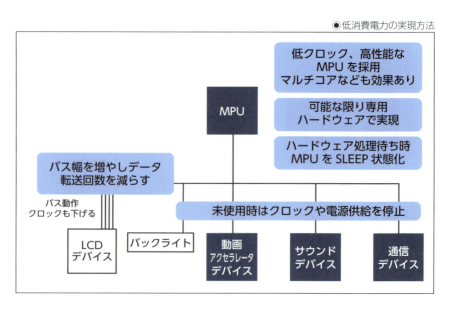

● 低消費電力の実現方法

デジタルカメラはスマートフォンのカメラ機能と比較されることも多いため、専用機器ならではの画質と反応の良さが差別化項目として重要です。

起動時には即撮影を可能とするため、複数のマイコンが連携し動作するといった工夫が行われています。レンズカバーを開き、レンズを伸ばすモーターを駆動するマイコンと、画像処理などを司るマイコンが並行処理をすることで、ユーザーがすぐに利用できるようにしているのです。また、シャッターを押して撮影した後は、次の撮影のためにシャッターが押せるまでの時間（レリーズ間隔）を短くするため、各種処理が並行して実施できるようになっています。

●パイプライン化による反応速度の向上

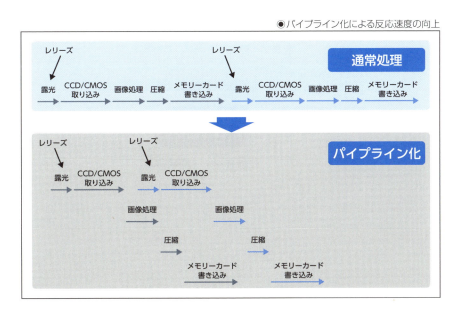

シャッターを押して画像素子からデータを取り出した後、画像処理・画像圧縮・メモリカード書き込みという3処理を、次の撮影のための露光や画像素子からのデータ取り出しと並行して処理を行います。この3処理分、次の撮影を素早く行えるのです。これらを実現するために、マイコンや画像素子、そしてメモリが並行して動作できるようバスは多段構成、データのやりとりでバスを占有しないようなアーキテクチャになっています。

このように、システムとして求められる機能要求および非機能要求を、QCDなどの制約を考慮しながらシステムの構造や振る舞いを検討するのが、

SECTION-32 ● システムアーキテクチャ設計

システムアーキテクチャ設計です。これはアーキテクチャビジネスサイクルと呼ばれています。ビジネス環境から発生する要求と制約に対して、自社が使える技術環境をベースにアーキテクトのスキルによってシステムアーキテクチャを導き出します。最適な構造と振る舞いを設計するには、アーキテクトが持つ知識と経験が重要です。特に半導体技術は、専門的スキルが必要とされ、QCDに大きな影響を与えます。

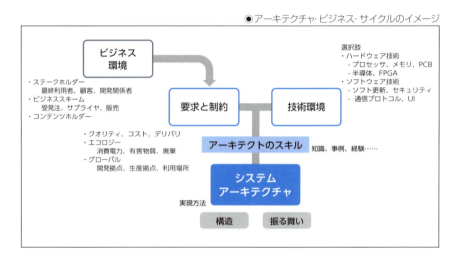

● アーキテクチャ・ビジネス・サイクルのイメージ

SECTION-33

ソフトウェア要求定義

　ソフトウェア要求定義は、組み込みソフトウェア開発プロセスの最初の段階です。システム要求仕様書やハードウェア仕様書を基に、組込みソフトウェアに関する要求事項を検討・具体化します。システム要求定義と同様に、各種制約を考慮し、機能要求と非機能要求を具体化します。

　ソフトウェア開発において要求は、上流工程で実施する重要な作業です。ソフトウェア開発の後半では、ソフトウェアの完成度を確認するため、テストや妥当性確認などの作業をします。その際に検出される問題において要求定義に起因する問題が残っていることが多々あります。

　要求をしっかり定義することができないと、ソフトウェアの完成度が高まり、納期が近づいている状況において手戻りが大きくなってしまいます。このような手戻りを最小限におさえるため、要求からしっかりと作業することが求められています。

　ソフトウェア工学においては、要求工学が体系化されています。要求工学は、要求開発と要求管理に大別されます。要求開発は、次のような流れになります。

①要求を引き出し・抽出・獲得する。
②要求を分析する。
③要求仕様として定義する。
④定義した要求仕様の妥当性を確認する。

　要求管理では、開発中に具体化や追加される要求の変更管理や、要求がどのように実装されているか追跡管理します。

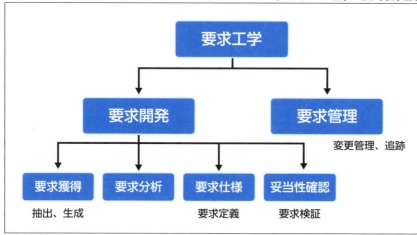

◉ソフトウェア工学における要求工学

　自動車のような安全性が重要視される製品の開発では、追跡管理（トレーサビリティの確保）が必須になっています。要求事項に対して、それが設計され表現されている設計書、それを実装しているコード、それをテストしたテスト項目・手順・記録が、トレース可能になっていることが必要です。これらは人手で管理することは困難なので、専用の管理ツールを使って管理されています。

◉トレーサビリティの確保

要求番号	説明	基本設計書	詳細設計書	Code	単体テスト項目	結合テスト項目	システムテスト項目	備考
1.2.4	CDをロードする	4.3.4	7.4.2	cdplay.h cdplay.cpp	5.2.1-5.2.34	3.2.1-3.2.15	2.1.1-2.4.16	

SECTION-34
ソフトウェアアーキテクチャ設計

　ソフトウェアアーキテクチャ設計は、ソフトウェア要求仕様書やハードウェア仕様書を基に、組込みソフトウェアに関するアーキテクチャを検討・具体化する工程です。この工程では、システムアーキテクチャ設計と同様に各種制約を考慮し、ソフトウェアの構造と振る舞いを具体化しなければなりません。類似する製品のソフトウェアを再利用することや、**市販のソフトウェア部品（COTS:commercial off-the-shelf）** の活用も含め、**ソフトウェアアーキテクチャ設計書**を作成していきます。

　ソフトウェア構造の粒度については、各社や現場によって表現が異なります。ここでは、組込みソフトウェアを実現する機能をまとめたものを「機能ユニット」と呼びます。現場によっては、機能ブロックと呼ぶ場合もあります。

　また、機能ユニットを構成するプログラムの最小単位を「プログラムユニット」と呼びます。プログラムユニットは、コンパイルやテストを実行する単位です。ソフトウェアアーキテクチャ設計では、この機能ユニットをどのような構造にするか、そしてそれらはどのようなインターフェースにするかを設計します。

　構造を考える場合には、インターフェースにおいてどんな手順でやり取りするか、振る舞いも考慮します。この構造と振る舞いは、行ったり来たりしながらブラッシュアップすることで最適な設計ができます。ソフトウェアアーキテクチャ設計では、次工程となるソフトウェア詳細設計において、各担当者が詳細設計を行う際に必要な情報を全て具体化します。

SECTION-34 ● ソフトウェアアーキテクチャ設計

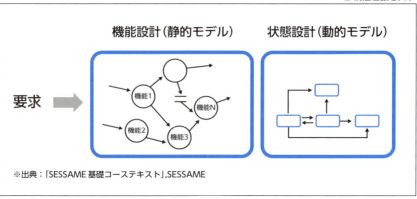

●構造と振る舞い

※出典:「SESSAME基礎コーステキスト」,SESSAME

- 振る舞い：

  データフロー図、アクティビティ図、シーケンス図、状態マシン図、タイミング図

- 構造：

  構造図、クラス図、オブジェクト図、パッケージ図、コンポーネント図、配置図

特に設計ミスによる手戻り時にインパクトが大きい性能や消費電力、記録領域については、この工程で見積もり精度を上げなければなりません。これらは、ハードウェアの仕様によって大きく影響を受ける要求項目です。マイコンの性能、メモリの容量と速度、ハードウェアの反応速度、そしてこれらを接続するバスの速度や構成を踏まえた性能や消費電力を見積もります。

マイコンが高性能であっても、メモリのWait時間が長い、バス速度が遅い、バスの競合が多発するといった要因で、期待した性能がでないこともあります。ハードウェアの読み書きの速度が速くても、実際に情報が更新されるまで時間がかかることもあります。類似するハードウェア基板や、パソコンでシミュレーションして評価を行えると、見積もり精度を上げることができます。電源を投入してから使えるようになるまでの起動時間や、高負荷・過負荷の状態での反応時間なども、実現可能か検討が必要です。

さらに、OSのオーバーヘッド、入出力の待ち合わせなどが最悪のケースでどのようになるか見積もりし、評価することも大切になります。

この工程で重要な設計に例外と、共通定数の定義があります。特に信頼性

が求められる機器の場合には、例外処理のほうが正常的な基本処理よりも多いことは多々あります。ハードウェアを含め、全ての例外に関して識別できるID体系を定義することと、レベルやリアクションについて整理します。

　加えて、開発環境もこの段階までに準備します。すでに実績がある開発環境の場合には、大きな問題は発生しないと思われます。しかし、開発環境のOSバージョンアップで動作不可となるなど、その他問題が発生する可能性があることも念頭に入れなければなりません。早めの段階で確認しておくことや、対応するOSのバージョンを残すなど、対策を施しておきます。実績がない新規の開発環境は早めに構築し、想定している設定などを試して、基本的な動作を確認しておきます。コンパイラが出力するアセンブラコードなどを見て、最適化の癖を含めて情報収集しておくといいでしょう。

COLUMN
ETロボコンで設計スキルアップ

　ETロボコン（ETソフトウェアデザインロボットコンテスト）は、組み込みシステム開発の設計スキルを競うコンテストです。

　レゴ社のマインドストームというロボットキットを使い、動きを競争するだけでなく、UMLなどのモデリング表記方法を使い作成した設計図の優劣も競います。

　学生も参加するコンテストであり、入門的な技術教育も提供されるコンテストです。

　北海道から沖縄まで、技術教育を含むコンテストが開催されていますので、参加を検討してみてください。

　ETロボコンで作成されるモデル図（設計図）では、構造と振る舞いが表記されています。

　https://www.etrobo.jp/

SECTION-35

ソフトウェア詳細設計

　ソフトウェアアーキテクチャ設計書を基に、機能ユニットに含まれる各プログラムユニットの論理条件や処理項目を具体化していく工程が、ソフトウェア詳細設計です。

　ソフトウェア詳細設計では、次工程である実装工程で各担当者がプログラムユニットをコーディングする際に必要な情報を、全て具体化します。どのような関数(モジュール)の構造・組み合わせにするかを具体化し、プログラムの内部構造(関数・モジュールの呼び出し関係)を設計するのです。動的振る舞いは、モジュールの呼び出し方(同期/非同期)や、モジュール内部の状態制御として設計します。

　モジュールの内部の論理構造は、モジュールの機能および入出力を基に設計します。ここで、構造化プログラミングの基本である「順次呼び出し・分岐・ループ」を組み合わせて設計を行います。プログラミングではなく、条件表やフローチャートなどでプログラムの論理・流れの構造を考えていくことになります。

●機能設計からモジュール構造に変換

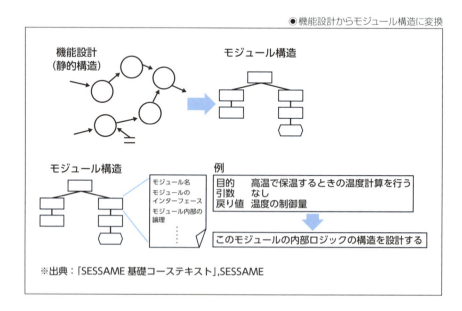

モジュール内部の具体化に際しては、ハードウェアの制御手順の具体化、OSシステムコールのパラメータ具体化なども設計します。この工程でも、メモリ容量や性能の再見積もりを行います。

> **COLUMN　設計スキルを学ぶオススメ書籍**
>
> 　NPO法人組込みソフトウェア管理者・技術者育成研究会では、2002年の結成当初から現在に到るまで、組み込みソフトウェアエンジニアの人材育成を目的にコンテンツ開発をしてきています。未経験者や初級エンジニアに向けた「初級組込みソフトウェア技術者向けテキスト」は以下のサイトから無償ダウンロードして利用できます。
> http://www.sessame.jp/
> 　SESSAMEのメンバー有志（ワーキング グループ2）では、より設計を学ぶことができるように、中級者向けコンテンツの開発やセミナーを実施してきました。この活動の成果として書籍化して提供しているのが、以下の書籍であり、有識者の間では評判の良い書籍です。
>
> 　組込みソフトウェア開発のための構造化モデリング
> 　- 要求定義/分析/設計からソースコード作成までソフトウェア開発上流工程の基本を構造化手法に学ぶ
> 　SESSAME WG（セサミ ワーキング グループ）2 (著)
> 　翔泳社

SECTION-36

実装、単体テスト

　ソフトウェア詳細設計書を基に、プログラムユニットをプログラミングしていく工程が実装です。流用するプログラムユニットの選択や、開発環境を確認してから作業を開始します。なお、コンパイルでエラーが出なくなったからといって、プログラムが正しく動作することが確認されたわけではありません。

　単体テストでは、プログラムユニットが設計通りに実装されているか確認します。チェックするのは、プログラムユニットが仕様で定めた動作をすることや、仕様で定めていないデータを受けても異常な動作をしないことです。具体的には、プログラムユニット中の分岐が引数や外部参照などの条件によって、すべて問題なく実行されることを確認していきます。テスト手法として境界値テストや制御パステストを使えば、通らない分岐が無いようテスト項目を設計できます。

　テストの目的はバグを見つけ出すことであり、バグの原因を探すことではありません。バグの原因を探して修正することはデバッグと呼びます。単体テストは、プログラムユニットのバグを見つけ出すことが目的です。よって重箱の隅をつつくような、いやらしいテスト項目を設計し、バグが無いことを証明する必要があります。

　単体テストは実装（プログラミング）と一緒に作業されることも多く、テストツールを使う場合には、プログラムユニット設計書を単体テストのテストコードとしてコーディングすることで実現します。全てもしくは多くのプログラムユニットをプログラミングしてから、後でまとめて単体テストすると、同じようなミスを繰り返していることもあります。

SECTION-36 ● 実装、単体テスト

● プログラミングと単体テスト

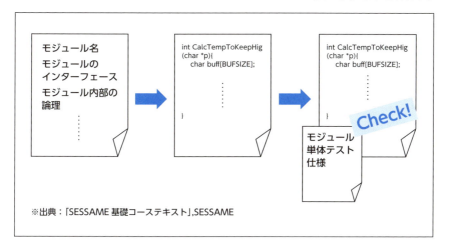

※出典：「SESSAME 基礎コーステキスト」,SESSAME

　開発環境はコーディング（エディット）、コンパイル・ビルドといった基本的な環境から、単体テストのためのテスト環境、デバッグ、シミュレーションなど多岐にわたります。これらは、開発チームにて事前に準備した環境を利用します。また、コーディングルールおよびチェックツールについても、開発チームとして共通の認識やルールを持って作業します。

　プログラミングは関数や変数の名称やインデント（段組み）、コメントなど自由度が高く、担当者がそれぞれ好きなようにコーディングすることが可能です。しかし、組織としてプログラミングする場合には、見やすく誤りが混入しづらい名称付与などのルールが必要です。これは組織としての品質や生産性というビジネスの要求だけでなく、ソフトウェアエンジニアおよびプログラマーとしての常識として必要です。

COLUMN 組み込みC言語スキルを学ぶオススメ書籍

　前出のコラム：「設計スキルを学ぶオススメ書籍」でもSESSAMEの書籍を紹介しましたが、C言語のプログラミングに関してもオススメ書籍をSESSAMEのメンバーが執筆した書籍があります。

組込み現場の「C」言語 基礎からわかる徹底入門 ＜重点学習＋文法編＞
SESSAME（編集）　技術評論社

　また、プログラムの高速化や、メモリ使用に関する効率性もこの時点でチェックします。関数レベルで非効率的な処理が存在すると、大きな処理遅延や無駄な消費電力に繋がります。単体テストはもちろんのこと、他の担当者とクロスチェックやレビューを実施することで、非効率的な処理を抽出し改善していきます。

　この工程からソースコードの構成管理がスタートします。ドキュメントなどの構成管理をしていた環境に組込む場合と、コードは別の環境で構成管理する方法があります。組織で設定されているルールに基づき、チェックイン・チェックアウトを確実に行います。チェックインの際は、コメント内容は後々意味のないものにならないように心がけましょう。

　単体テストの記録も、設計情報として構成管理対象にすることもあります。ログテキストはきちんと実施したことの証拠にもなりますし、逆にチェック漏れなどのミスの具体化にも利用できます。作業改善に繋がるので、記録を残すことを躊躇わずに実施すべきでしょう。また、単体テストは組込みソフトウェア開発の中でも、自動テストが普及している領域です。自動テスト環境が整備され、項目とスクリプト、ログがあれば、プログラムの作り直し（リファクタリング）のハードルを下げることができます。わかりやすく、速く、効率的なプログラムを目指し、改善を忘れずにプログラミングに取り組んで欲しいものです。

SECTION-37
ソフトウェア結合・統合テスト

ソフトウェア結合テストでは、プログラムユニットを接続し機能ユニットや組込みソフトウェアが設計通りに実装されているか確認します。ソフトウェアアーキテクチャ設計書で記載される設計情報通りに、組込みソフトウェアが動作することをチェックする工程です。

ソフトウェア結合テストは、ハードウェア設計の成果であるハードウェア基板を使った環境で実施することが望ましいのですが、ハードウェアの出来上がり時期や数量、品質レベルの関係からパソコンのシミュレーション環境で行われることも多々あります。ただし、最終的にはハードウェア上で動作している状態での確認も必要です。テスト項目ごとに、どの環境でテストするかを明確にして確認作業を進めなければなりません。

ソフトウェア統合テストは、機能ユニットなど組込みソフトウェアを全て統合した状態で、仕様通りに動作するか確認します。ソフトウェア要求仕様書に記載される仕様通りに、組込みソフトウェアが動作することを確認します。

ソフトウェアのテストでは、テスト項目をどう作るかが重要です。下手な鉄砲を数撃っても当たりません。ソフトウェア工学を体系的に整理しているSWEBOK(Software Engineering Body of Knowledge)では、ソフトウェアテスト(Software Testing)を以下のように定義しています。

> 一般に無限と考えられる実行空間から適切に選ばれたテストケースの有限集合を与えられたプログラムの振る舞いを、あらかじめ仕様化された期待される振る舞いに対して動的に検証する行為によって構成されます。

上記の「適切に選ぶテストケース」を導くために、「仕様化された期待される振る舞い」である仕様書や設計書からテスト条件を定義します。テスト条件に対して抽出するテストケースは、適切なテスト設計手法を選択して作成します。そしてテストケースを動的に検証するためのテスト手順を作成します。

①テスト条件の確認
②テストケースの作成

③テスト手順の作成（テストデータの作成）

　テスト条件の確認では、仕様書や設計書、ソースコードを対象に、何をテストするのかを決定します。

　テストケースの作成ではテスト条件をベースに、テスト手法を用いて具体的な条件（状態、数値、入出力など）を作成します。テスト手法の分類としては、ブラックボックスとホワイトボックスがあります。ブラックボックスは、内部の構造は対象とせず、仕様書や設計書を基にテスト条件やテストケースを作成・選択します。ブラックボックスには同値分割、境界値分析、デシジョンテーブルテスト、状態遷移テストなどの手法が存在します。

　ホワイトボックスはプログラムユニットや機能ユニット、ハードウェアの内部構造を整理しテスト設計します。テストの網羅率の基準には、命令網羅（C0基準）、分岐網羅（C1基準）、複合条件網羅（C2基準）などがあります。プログラムコードを対象にした場合は、判定や分岐を条件として考えてテストケースを作成していきます。

　テスト手順の作成では、テストケースを検証するための具体的な手順（準備、与える条件、確認する振る舞いやデータ）を作成します。

　テスト手順が準備できれば、テストを実行し、記録を残します。単体テストでも記載しましたが、テスト≠デバッグであることを忘れてはなりません。

　テストが進行すると悩むのは、どこまでテストすればいいのかということです。テスト項目が全て実行されれば、テスト完了としていいのでしょうか？　これまでのソフトウェア開発での膨大なデータから導き出された、品質信頼度成長曲線という考え方があります。

　テスト項目消化の進捗が進むと、品質が確認されたソフトウェアなら問題検出件数が低下する傾向が表れます。問題検出件数が低下傾向になく、増加傾向や横ばいだったら、まだ品質確認できていないと考えるのです。この場合、テスト設計を見直すことなどの対策をとることになります。

　テスト中、バグ修正のためプログラムを変更することは多々あります。プログラム変更後は、その変更がこれまで確認したプログラムやテストにおいても影響を与えていないことを確認する必要があります。これをレグレッションテスト（回帰テスト）と呼びます。すでにテストした事項が問題なく動作することを確認することになりますが、自動テストツールを使うことが多くなってきていま

す。時間はかかりますが人手は不要なので、誰も作業していない夜中に実行し、翌朝確認するといったこともできます。

> **COLUMN**
> ### テスト技術者認定試験
>
> 　ソフトウェアテストについて学ぶには、JSTQB(Japan Software Testing Qualifications Board)という資格試験を使った勉強法があります。ISTQBという国際的な取り組みの日本版であり、ソフトウェアテストについて体系的に学ぶことができます。シラバスという学習事項や用語集がサイトで公開されており、対応する書籍などを使った自習も可能です。基本的なレベルからハイレベルまで用意された資格試験を受験することで、ソフトウェアテストの知識を持つことをアピールすることもできます。
>
> http://jstqb.jp/

SECTION-38
ソフトウェア妥当性確認テスト

　ここではソフトウェア妥当性確認テストとしていますが、適格性確認テストや受け入れテストと呼ばれる場合もあります。ソフトウェア妥当性確認テストは、ソフトウェア要求仕様に合致していることを確認します。大規模や安全性が求められる大規模な組込みソフトウェアを開発する一部の企業には妥当性確認の組織があり、開発チームでのテストの後、発注者や利用者の観点で再度妥当性確認を行っているところもあります。

　組込みソフトウェアの場合、ハードウェアを含めた妥当性確認が必要不可欠であり、次工程であるシステムとしてのテストや妥当性確認にウェイトをおいて実施することもあります。

SECTION-39
システム結合・統合テスト、システム妥当性確認テスト

　システム結合・統合テストは、ソフトウェアやハードウェアなど別々に開発されてきた構成要素を結合し、動作することを検証します。ソフトウェア結合・統合テストでもハードウェアに搭載しテストをしてきていますが、ここではシステム全体で検証します。ソフトウェア結合・統合テストでは、テスト項目によってはパソコンのシミュレーションでも実施をしていましたが、ここでは実際のハードウェア（メカ、エレキ）、筐体など実際の環境でテストします。

　テスト条件やテストケースは、システムアーキテクチャ設計書を基に作成します。システムアーキテクチャ設計書に記載される各種条件からテスト条件を抽出し、そこからテストケースを設計します。テストケースの設計にはソフトウェアテストと同じ手法が適用できますが、ハードウェアに関係するケースの絞り込みや選択においてはハードウェア専門家との調整が必要になります。

　システム妥当性確認テストでは、製品としてシステム要求仕様に合致していることを確認します。実際に利用される環境で確認作業が行われますが、仕様で記載される範囲（もしくは範囲以上）の厳しい環境での確認作業も同時に行います。

　操作性に問題は無いか、大きな負荷（ストレス）をかけたときに不具合は出ないか、わざと障害を発生させた後の復旧はどうか、といったシステムとしての機能、性能がでるか確認します。温度、振動などの環境系テストも、この工程で最終確認を行います。

　システム結合・統合テストやシステム妥当性確認テストにおいて結果がNGとなった場合、デバッグして問題の原因を調査します。ソフトウェアのバグなのか、ハードウェアのバグ（設計不良）なのか、ハードウェア機材の不良なのか、各担当者が連携し問題解決にあたります。ハードウェアのバグ（設計不良）の際には、量産や出荷のタイミング、コスト的な観点から、ハードウェアの設計変更ができない場合もあります。この場合、ソフトウェアにて設計変更し対応することもあります。

SECTION-40
製品出荷に向けて

　開発部門としてシステム妥当性確認テストが終了した後は、製品を出荷するための工程に進みます。量産設計を経て、量産され、製品は出荷されます。ただし、量産設計段階で組込みソフトウェアの変更、特にコストと品質を考えた設計変更が発生する可能性があります。

　出荷後は、保守・サポートのステージになります。組込みソフトウェアの場合は不具合対応やセキュリティ対応、そしてハードウェアに起因する設計変更などが発生します。ソフトウェア更新機能が具備されるようになってから、遠隔でのソフトウェア更新も普及しました。しかし「出荷後に更新することができるから、バグが少しくらいあっても問題ない」なんてことはありません。

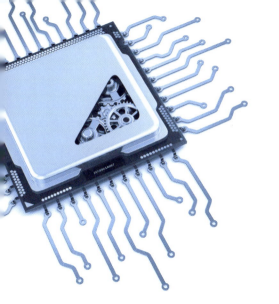

CHAPTER 09

IoT／AI時代の組込みソフトウェア開発

>>> **本章の概要**

　組込みシステムは、特定の用途専用のコンピュータとして人々の生活の中で活躍しています。これからの時代、さらにコンピュータの性能向上など技術開発によって、新しい体験が提供されていくことでしょう。ここでは、これからの時代に組込みシステムがどのように影響を与えていくのかを考え、その組込みソフトウェアをどのように開発していけばいいのか提示します。

SECTION-41

産業革命と組込みシステム

　中学校で学んだ産業革命と組込みシステムは、大きく関係しています。それぞれの産業革命は、技術による生産性の向上が共通点としてあります。

　読者のみなさんは、この第四次産業革命の真っ只中にいることを認識してください。ここでは、教科書に書いてあった産業革命において、組込み技術との関係性に注目して紹介します。

●産業革命社会に欠かせない組込みシステム

	第一次産業革命	第二次産業革命	第三次産業革命	第四次産業革命 Industry 4.0
キー技術	蒸気機関	石油・電気	コンピュータ、インターネット	IoT、AI
代表的な製品やサービス	鉄道	自動車	パソコン	自動運転
工場生産	蒸気エンジン機械生産	大量生産	自動化	スマートファクトリー

🌐 第一次産業革命

　第一次産業革命(単に産業革命とも呼ぶ)では、蒸気機関を動力源として使い、繊維などを機械によって効率的に生産できるようになりました。また、蒸気船や蒸気機関車の鉄道の登場によって人々の移動も効率化され、社会が大きく変わりました。組込みソフトウェア開発は、この第一次産業革命と直接関係しませんが、組込みシステムとして大きな要素であるハードウェア、特にメカなどの機構が発展・成長しました。カラクリ的なメカの機構は古くから存在していましたが、この第一次産業革命によってより複雑な機構が生まれ、複製され、蒸気機関によって長時間の連続動作も実現しました。

◆ 繊維業の躍進

　この第一次産業革命では、繊維業が大きな産業として発展しました。この繊維業の発展を実現したのが自動織り機です。蚕から糸を紡ぎ、布に仕上げる従来の手作業の工程を機械仕掛けに置き換え、自動的に高品質なものを生産できるようになりました。ちなみに、トヨタ自動車も、この自動織機をつくった会社から誕生した会社です。この自動織り機は動力源が蒸気、石油から電気になった今でも同じような原理で利用されており、組込みシステムとし

てコンピュータを活用した高度な制御によって、高品質で低価格な繊維生産、そして衣服の生産を実現しています。

🌐 第二次産業革命

　第二次産業革命では石油や電気を動力源として使い、大量生産が行われるようになりました。また、化学や鉄鋼の分野でも技術革新があり、近代化が大きく進みました。フォードT型が1908年に発売されたことが象徴的な出来事です。

　1900年のニューヨークで大通りを馬車が行き来する写真が残っていますが、1913年の写真では大通りは自動車で溢れている写真となっており、自動車が急激に普及したことを物語っています。20世紀はガソリン自動車と共に始まり、100年が経過した21世紀、ガソリン自動車から電気自動車へのシフトが進んできていることも、エンジニアとして意識すべき事項です。

◆ 印刷技術で情報流通も拡大

　もう一つ象徴的な出来事は、印刷技術の進展です。回転式印刷機が普及し機械式植字機が誕生したことで、書籍だけでなく新聞や雑誌などの定期刊行物が多く流通するようになりました。

　知識や情報が早く広く流通することは、第一次産業革命による人々の移動効率化による変化以上の影響を社会に与えました。特に技術に関する情報の流通が進んだことは、産業革命をより広く早く展開することに寄与しました。これは、この後のコンピュータやインターネットによる情報の流通に通じるものがあります。

🌐 第三次産業革命

　第三次産業革命ではコンピュータやインターネットによって、生産の自動化が進みました。家庭やオフィスでのパソコンやインターネットの普及については、Windows95が発売された頃が象徴的な時期として広く認識されています。しかし産業革命という観点では、製鉄所でいち早くコンピュータの活用が進んだことが象徴的な出来事かもしれません。

◆ 工場の自動化

　日本では1901年から製鉄所が稼働を開始し、国内における鉄の製造が進み、日本の産業振興を支えてきました。輸入された鉄鉱石を溶鉱炉で溶かして銑鉄を精製し、顧客の要求するサイズや特性の鉄鋼製品を生産します。高温環境下で製鉄するプロセスをセンサーやアクチュエーターを使い自動制御し、多品種多量の製品の生産を制御するために、コンピュータを利用する必要があったのです。新日鉄の君津製作所は光ファイバーが張りめぐらされ、コンピュータ製鉄所とも呼ばれています。また、自動車の工場でロボットが溶接や塗装などをしている映像を見る機会も多いと思います。

　ロボットは当然コンピュータによって制御されており、製造ラインにおいて重要な役割を担っています。これらはFA(Factory Automation)と呼ばれ、ロボットをはじめセンサーやアクチュエータを用いた組込みシステムが多用される領域です。FA以外にも、以下のような産業でxAという表現が使われています。

- PA(Process Automation):気体や液体を精製するプラントの制御
- BA(Building Automation):ビルの空調やエレベータ、防犯など管理を自動化
- DA(Distribution Automation):商品などの物流・搬送などの制御を自動化

◆ 組込みシステムの成長

　組込みシステムは、この第三次産業革命によって生まれた技術です。コンピュータをいろいろな領域で利用し、自動化や効率化を推進することで社会に貢献しています。第二次産業革命までの自動織り機や自動車など高機能・高品質な製品は、複雑なメカ機構や電気・電子技術によって実現されてきました。第三次産業革命ではコンピュータがいろいろな製品に組み込まれ、複雑な処理を組込みソフトウェアや半導体(LSIなど)によって実現することが多くなりました。メカ機構や電子部品などの部品点数を削減するとともに、高機能で高品質な製品を実現しています。

　組込みソフトウェアや半導体といった部品を生産することができれば、高度

な製造工程を必要としない状態になったのです。このことは、戦後の日本が国際競争力を発揮した高品質なものづくり製造工程の競争優位性の減少を招きました。韓国や台湾、シンガポールなど新興工業経済地域が急成長したのは、この製造工程の優位性の減少、人件費や新技術のキャッチアップ力が大きく影響しています。

さらにスマートフォンやデジタル家電などのインターネット対応デバイスでは、グローバルを対象にした製品企画やビジネスモデル、デザインが大きく影響します。日本企業よりもアップル社などの米国や、低コスト生産を得意とする中国や台湾の企業がビジネス的な成功をおさめるようになりました。

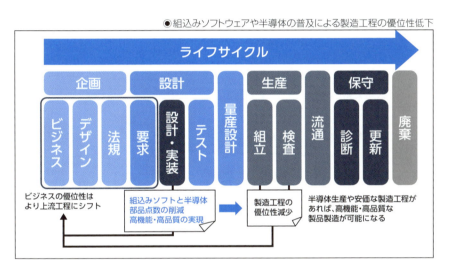

●組込みソフトウェアや半導体の普及による製造工程の優位性低下

アップル社の製品の半導体は韓国で生産され、半導体を組込む製品本体は中国で製造されています。ビジネスモデルや商品企画は米国で行われ、製品はグローバルに提供されています。テスラモーター社が電気自動車においてリードしているのは、スマートフォンと同じようにコンピュータと半導体の調達といったビジネスモデルの優位性によって、既存の自動車メーカーよりも早く実用的な製品をリリースできたことが大きく影響しています。

第四次産業革命

そして現在のIndustry4.0とも呼ばれる第四次産業革命では、IoTとAIがキーテクノロジーとなっています。第三次産業革命でコンピュータが導入さ

れた領域でIoTとAIを利活用することで、さらに高度な制御によって生産性などを向上させているのです。

FAではスマートファクトリーとして、無人化などの省力化が推進されています。自動車は自動運転などによって人の関与を少なくしていっています。人によるミスを減らし、人に依存するノウハウが共有されています。さらには人でも気づかない法則の発見が、生産性や安全性の向上に寄与しています。

これまで人が考えた手順やルールを実行していたコンピュータは、IoTや画像認識によって集めた膨大な情報から、自ら考えた手順やルールを実行しています。このような分野で利用される組込みソフトウェアを開発するエンジニアは、IoTやAIが確実に動作するためのコンピュータシステムを開発するのです。

●DX(Digital Transformation)と組込みシステム

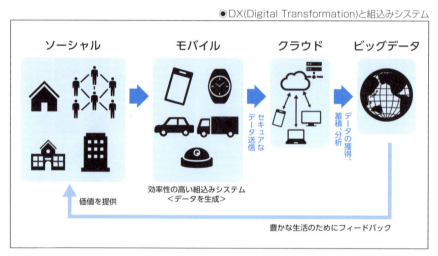

IoTとAIの活用は、DX(Digital Transformation)とも関係します。DXは主に、企業の情報システムで利用される用語です。新しいテクノロジーを使って豊かな生活を実現するという意味で提唱された概念であり、「ソーシャル」「モバイル」「クラウド」「情報(ビックデータ)」を活用し、実現する製品やサービスなどを指します。企業活動においては、これらのテクノロジーを有効活用することで、顧客満足度を上げ競争優位性を確立することが望めます。

◆ 組込みシステムがデータを集め実現するDX

　組込みシステムはIoTデバイスとして、センサーから豊富で正確なデータを収集することで、DXに寄与できます。センサー情報はアナログやデジタルのセンサーデバイスだけでなく、カメラなどの画像処理を伴う認識データも含まれます。カメラを使った画像は、AIを使った認識処理によって自動で収集できる、とても重要なビックデータにもなりえます。近年のAIを使った画像処理は、人間による画像識別の判断よりも早く、正確に実現できるからです。

　スマートフォンや自動車などは、ソーシャルでモバイルなデバイスといえます。これらのデバイスを実現するのは組込みシステムです。ここで生成されるセンサーやカメラからの情報を効率よく処理し、クラウドにあげ、ビックデータとして有効活用できるようになっています。モバイルデバイスの高性能化、小型化、省電力化が重要であり、さらにはデータの安全性と信頼性を考えたセキュリティ対策も重要になってきています。

　組込みソフトウェアを開発するエンジニアは、データ発生源であるソーシャルとしての人の行動や意識を理解し、さらにはデータを送信する先のクラウドについても理解し、高セキュリティで効率性が高い組込みシステムを設計することが求められます。

SECTION-42

DX時代の組込みシステム開発

　DXが進む世界では、これまでの組込みシステム開発のスタイルが変わります。前章で示した要求定義、アーキテクチャ設計などの開発技術は大きく変わりませんが、流れや費やすことができる期間などが変わってきます。また、アーキテクチャとしてはクラウドに関する知識や、操作系で活用するスマートホンやタブレットなどのUI設計に関する知識も求められます。

　ハードウェアを含め、スマートフォンやクラウド、ネットワーク設計など全ての領域に対応できる人材をフルスタックエンジニアと呼びます。ある意味、組込みシステム開発に関するスーパーマンなので、全員がフルスタックエンジニアになる必要はありません。若手エンジニアは得意な技術を深耕しながら、開発に貢献できる領域を広げればいいのです。

⊕ 機能配置の変化

　旧来の組込みシステムは、特定の専用機器として単体もしくは簡単なネットワーク接続によって機能を実現しています。専用機器は利用者に価値を提供することを追求しつつ、メーカーが収益をあげるビジネスモデルを提供します。プリンターや複写機では、デジタルカメラと同様に高品質や高性能を利用者に提供し、製品購入以外にもインクやトナーのランニングコストによる対価を得ていました。歩数計など利用者が携帯するデバイスは、小型化・高機能することで価値があがり、高い価格で販売することができます。

◆ 既存の組込みシステムの価値とビジネスモデル

　DX時代の組込みシステムはネットワーク接続され、各種情報をクラウドで収集し、データ分析によって価値を生み出しています。保守部品やサプライ品を効率よく提供し、異常の検知や予知を行うことで、利用者の利便性を高めることができます。これらの情報を活用すれば、メーカーは利用者に対する次期製品の提案など、営業活動の効率化を図ることが可能となります。

◆ クラウドに接続し価値をつくる

　クラウドに接続しデータを収集・分析することによって価値をつくる場合、以下のような分類があります。ひとつは、高性能なものが小型で提供される

という価値です。組込みシステムであってもスマートフォンやパソコンとは異なり、専用機器として利用されます。スマートフォンのアプリやスマートフォンに接続するデバイスでもできることを専用機器で実現するので、より小型より高性能なモノを提供する必要があります。もうひとつは、データから導き出されるアドバイスという価値です。これまでのスタンドアロンなデバイスで提供していた情報よりも、より有効な情報を提供することを可能にする必要があります。

◆ 例えば歩数計の価値は？

価値の具体的な事例として、歩数計を紹介します。歩数計は、100円ショップでも販売しているようなデバイスです。コモディティ化しているデバイスといっても過言ではありません。スマートフォンには歩数計機能も搭載され、アプリで過去の情報を見ることも可能です。しかし量販店の歩数計売り場を見ると、1万円近い製品も販売されています。これらは高齢者を対象に、スマートフォンのアプリよりも使いやすさを追求しています。専用サイトへのアクセスが可能で、サイトでのデータ蓄積と分析、アドバイスといったサービスを受けることができるのです。

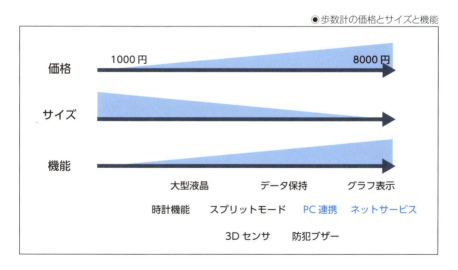

●歩数計の価格とサイズと機能

機械学習によるデータの分析とアドバイスをクラウド側で処理すれば、デバイス側に高性能なマイコンは不要です。製品の価格は、専用サイトに関する

SECTION-42 ● DX時代の組込みシステム開発

価値も上乗せした設定になっているといえます。また、歩数以外にも心拍数や体温などの情報も収集可能な活動量計は、シンプルな腕時計型になっています。体との密着を前提にしており、就寝時も着用し常時データ収集が可能です。これにより、歩数計よりも高い価値を提供できるようになり、価格も歩数計よりも高価に設定することが可能になっています。

◆ スマートフォンの画面とWAN接続が便利

　この活動量計を含め、最近のデバイスはセンサー、最低限の操作系、そしてスマートフォンとのPAN接続機能を具備したシンプルなものが増えています。前出の歩数計とは異なり、高齢者を対象とせず、スマートフォンなどの操作に難がない人を対象にしてコストダウンを図っています。

　この場合、複雑な操作やリッチな表示はスマートフォンやタブレットにて実現します。低価格でありながら、高い操作性と情報量の多さも兼ね備えた製品は、コストパフォーマンスを求めるユーザーには最適なデバイスです。スマートフォンやタブレットが家庭に普及したことが、こうしたデバイスの登場の後押しとなっているといえるでしょう。

◆ エッジコンピューティング

　このようなスマートフォンやタブレットを介したクラウド接続は、コンシューマ向けデバイスが中心になります。産業用機器としての専用デバイスがクラウド接続する際には、WANに対するアクセス機能が必要になります。農業でデータを収集するIoTシステムや、インフラのモニタリングをするIoTシステムなどがこの対象になります。それぞれのセンサーを搭載したデバイスが直接WANからクラウドに接続してしまうと、各種の問題が発生します。またWAN接続のためのコスト、消費電力が高くなり、クラウドに接続とデータが集中して処理が遅延してしまいます。

　この問題を解決するために設置される機器は、エッジコンピュータと呼ばれています。大量に存在するセンサーを搭載した小型で大量に配置されるデバイスを束ね、データをまとめ効率的にクラウドなどのセンターにレポートします。これにより早い応答を実現し、機能を分散処理することで、WAN回線のトラフィックを抑えることができます。性能やコストの面で効果を期待できる機能配置です。

機械学習もクラウドで処理するのではなく、このエッジコンピュータにて処理されることも多くなってきています。クラウドで実施した学習結果をエッジコンピュータにコピー展開することで、それぞれの場所で認識判断が行われます。大量の画像をクラウドに送信することなく各エッジで処理できるので、認識判断も早くなります。

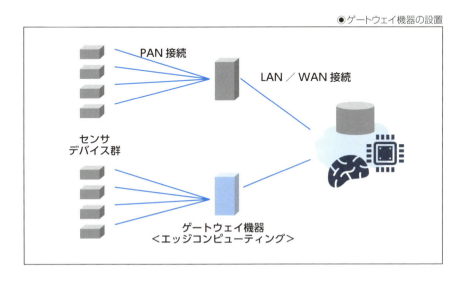

●ゲートウェイ機器の設置

◆ プロトタイプからPoCに

インターネット、ワイヤレス通信、スマートフォンの普及によって、Webをベースとするサービス提供は参入の敷居が下がり、多くのB2BやB2C、最近ではC2Cのサービスまでも提供されています。これにはクラウドサービスの利用も含め、サービスを試験提供し各種フィードバックを得て、本格的なサービスに移行することが可能な環境が整ったことが大きく影響しています。クラウド側のプログラム修正、スケール設定の変更、スマートフォンのアプリ更新を利用すれば、各種機能の更新も容易にできます。

しかし組込みシステムを新たに提供する場合には、Webベースのサービスと同じようにはいきません。装置の試作、量産、出荷、流通といったプロセスが必要になるからです。他方で組込みシステム製品のライフサイクルは短くなっており、スマートフォンなどは数年で買い換えられるようになっています。また、商品企画してから商品を市場投入するまでの期間（リードタイム）も短く

なっています。

　商品のプロトタイプを作成し、機能や性能を評価することは、これまでも行われてきました。プロトタイプは、製品評価を目的として作成されるものであり、製品仕様はほぼ決定しているものです。評価結果によって各種修正や改善が施され、製品として出荷されていきます。

　最近はプロトタイプを作る重要性よりも、PoC(Proof of Concept)を作る重要性が増しています。PoCは製品仕様を決める前に、製品のコンセプトを決める際に作成します。想定する利用者に触ってもらい、フィードバックを得ることが目的であり、細かく改良する点を得るのでなくもっと大きな観点、製品の方向性を判断する材料を得ます。または、現在の方向性と異なる方法のアイディアを抽出し記録します。

◆リーンスタートアップ

　PoCをつくるのは、商品である組込みシステムがビジネスとして成立するのかを確認するためです。PoCが市場に受け入れられるかテストし、結果のデータからコンセプトの良否などを学びとります。このような新しい商品やサービスのリスクを減らし実現していく方法として、リーンスタートアップという手法があります。

　リーンスタートアップではアイディアを基に、商品やサービスを構築します。これは一種のPoCですが、リーンスタートアップではMVP(Minimum Viable Product)と呼ばれます。MVPは実用最小限の製品として、利用者に体験してもらうなど実用度合いを計測できるものです。この計測から各種データを収集し、そこから今後のアクションを考えます。アクションの選択肢としては、同じアプローチのアイディアを前回よりもブラッシュアップまたは機能追加して提供する、これまでのアプローチとは異なるものを構築して再度計測する、などがあります。

SECTION-42 ● DX時代の組込みシステム開発

●PoCとプロトタイプをつくる開発

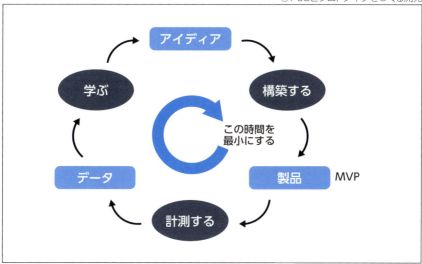

　リーンスタートアップでは、上図のフィードバックループを回す時間を最小限にすることが重要です。Webサービスなどの場合はサービスの閲覧数や登録数など、ユーザーのリアクションが機械的に計測できます。組込み機器の場合には、実利用環境での運用を通して顧客や利用者が満足を得られるのか、測定項目を定義したうえで実証の場をつくる必要があります。

SECTION-43

組込みエンジニアの学び方

　組込み技術の進化は、WEBなどに比較すると早くないといわれています。これは正解でもあり間違いでもあります。ミッションクリティカルな組込みシステムや高機能でない安価な組込みシステムでは、枯れた技術を現在でも利用しています。信頼性の観点からは、古い製造方式で作り、実績が豊富な技術を使うことで、誤動作などの要因を減らすことができます。また、コストの面では安価で大量入手可能な部品を使えるというメリットもあります。一方、IoTやAIを活用した組込みシステムは、最先端の技術を使っています。最新のマイコン、GPU、最新の通信モジュールを搭載し、リッチなOS上で制御が行われます。

　組込みエンジニアは、最新の技術をキャッチアップしながら、仕事をしていかないとなりません。しかし、最新の技術もベースになる技術があり、それを応用してその技術が生まれてきています。最新のマイコンでも完全に新しいものはありません。ベースになるマイコンがあり、機能や性能が上がっているのです。GPUも、古いGPUとやっていることは基本的に変わりません。DSPでの信号処理と同じです。最新の通信モジュールの制御も、既存の通信モジュールとほとんど同じものです。新しい技術を恐れることなく、新しい技術を使えることを喜び、楽しんでください。

● 守破離

　仕事の進め方にはセオリーがあります。先輩たちの仕事には、先人の知恵がふんだんに盛り込まれて、現在のやり方になっています。まずは、先輩たちのやり方を真似て作業してみましょう。

　武道や茶道などには、守破離という考え方があります。開発でいえば、先輩や部署での作業方法の考え、型、技を忠実に守ることが必要です。この守ができたら、既存の方法に自分の考えや、他の作業方法を盛り込み、型を破り新しい型をつくります。組込みシステム開発でいえば、エンタープライズやWebなど異なるシステム開発の技を盛り込み、融合を図ります。また、他部門や他社の考えや型を取り入れてみることもできます。そして自分の型として、既存の流派（現在の作業方法）を離れ、新たな流派（新しい開発手順やプ

ロセス）を立ち上げるのです。

　新人や若手は、守破離の守を確実にマスターすることにチャレンジしてください。我流の型や技は、後々の成長の際に変な癖として邪魔になる可能性があります。しかし、配属された現場のやり方が正しい保証はありません。忙しさや勉強不足から、正しくない型や技で現在の作業を進めている可能性もあります。標準的な開発プロセスや技法とは異なる進め方なら、先輩に「なぜこの作業はやらないとならないのか？」「なぜこのやり方なのか？」など質問してみましょう。このような素朴な疑問を質問できるのは、新人や若手のうちだけです。

標準的な開発の仕方を学ぶ

　それでは標準的な開発プロセスや技法は、どうすれば知り、理解することができるのでしょうか。勉強会やセミナーを受講することもいいでしょう。オススメは、勉強と実益を兼ねた資格試験を活用した方法です。

　学生時代にプログラミングがかなりできるようになった人は、資格試験受験の必要性を感じないかもしれません。しかし、資格試験には2つの観点でメリットがあります。1つは、技術を体系的に学べることです。資格試験は知識体系が整備されており、それをベースに試験問題が出題されます。この知識体系を把握し過去問に取り組むことで、技術を広く認知することができます。

　もう1つは、企業によっては資格保有で技術手当や合格一時金が支払われることです。また、資格保有が昇格要件となっている企業もあり、企業内でのスキルアップで必須の場合もあります。請負や派遣の際にも保有資格によっては優遇されることがあり、技術者を抱える企業から資格取得を求められることも多くあります。

　資格を保有していることと、仕事ができることは別です。しかし、その分野における知識を保有し、理解していることを証明することには有効です。

さまざまな試験・資格

◆ 情報処理技術者試験

　組込みエンジニアに関する情報処理技術者試験は、エントリーレベルから高度な試験までラインナップされています。エントリーレベルには『基本情報技術者試験』があります。また、その上位レベルには『応用情報技術者試験』

があります。この2つは組込みエンジニアに特化したものではなく、エンタープライズやWebなどのシステム開発でも共通する資格試験です。ITシステム開発について、広く一般教養レベルの知識を問う内容になっています。

組込みエンジニアを対象にした高度な知識を問うものには『エンベデッドシステムスペシャリスト試験』があります。実務経験が問われるような問題も出題されるので、実務経験を積んだ後なるべく早めにこの試験にチャレンジすることをおすすめします。

また、組込みエンジニアに特化したものではありませんが、以下の資格も組込みシステム開発では必要とされる資格試験になります。

- システムアーキテクト試験
- プロジェクトマネージャ試験
- ネットワークスペシャリスト試験
- 情報セキュリティスペシャリスト試験

- 情報処理技術者試験
  https://www.jitec.ipa.go.jp/

技術系団体が提供する資格試験にも、組込みエンジニアに関する資格試験があります。

◆ ETEC:組込み技術者試験制度

一般社団法人組込みシステム技術協会が提供する、組込み技術者向け試験制度です。ETECは認定試験ではなく、TOEICのようにレベル(グレード)判定します。エントリーレベルの『組込みソフトウェア技術者試験クラス2』と、ミドルレベルの『組込みソフトウェア技術者試験クラス1』の2種類が提供されています。まずは、クラス2の試験にチャレンジし、どの程度の実力があるか判断してみてください。

- ETEC
  http://www.jasa.or.jp/etec/

◆JSTQB認定テスト技術者資格

JSTQB（Japan Software Testing Qualifications Board）が提供する、ソフトウェアテスト技術を対象にした資格試験です。ISTQB（International Software Testing Qualifications Board）を通じて、世界各国のテスト技術者資格と相互認証しています。若手の組込みエンジニアの作業においては、テストが多くのウェイトを占める場合が多々あるので、この資格試験は有効です。エントリーレベルの『Foundation Level』と、高度なレベルの『Advanced Level』の2レベルの試験が提供されています。『Advanced Level』には、テスト担当者のキャリアパスを想定し、『テストマネージャ（ALTM）』、『テストアナリスト（ALTA）』、『テクニカルテストアナリスト（ALTTA）』の3種類の資格種別に分類されています。まずは『Foundation Level』にチャレンジし、ソフトウェアテスト技術について体系的に知識習得を図ってください。

- JSTQB
  http://jstqb.jp/

◆IoT検定

IoT検定は、IoT／M2M等の技術やマーケットについての知識やスキルの可視化を行う検定です。技術的な視点だけでなく、マーケティングやサービスの提供、ユーザーの視点から必要となる知識を網羅し、IoTシステムを企画・開発・利用するために必要な知識があることを認定しています。

非プロフェッショナルも対象にした『IoT検定ユーザー試験パワー・ユーザー』と、IoTプロフェッショナル向けの『IoT検定レベル1試験プロフェッショナル・コーディネータ』の2種類が提供されています。IoTシステムに関する業務に関わっている場合には、『IoT検定レベル1試験プロフェッショナル・コーディネータ』にチャレンジしてください。

- IoT検定
  http://www.iotcert.org/

先人の知恵を活かし現場を改善

　組込みエンジニアとしてキャリアアップを図り、よい効率的な開発にチャレンジするには、現場のやり方の背景を知ることや、アカデミックな方法論などにも精通する必要があります。ソフトウェア開発には学問があり、ソフトウェア工学として取り組まれてきた長い歴史があります。ソフトウェア工学には先人の知恵や工夫が蓄積されています。同じようなミスを繰り返さず、車輪を再発明せず、既存の手法やツールを有効活用することが望まれます。

　情報処理学会は、1960年に設立され、産業界・学界の有識者が活動しています。ちなみに情報処理学会には、2006年に設立された組込みシステム研究会もあります。

　ソフトウェア工学に関する知識体系は、SWEBOK(Software Engineering Body of Knowledge)として整備されています。全てを理解する必要はありませんが、どのような内容が記載されているかを一度見ておくことをおすすめします。そうすることで、開発現場で壁にぶち当たった際に、解決する方法が見つかるかもしれません。

　しかし、このSWEBOKは知識体系なので、技術や手法に関する具体的な内容を知ることはできません。インデックスとして利用し、該当する技術については別途、書籍やWebを読む必要があります。

　SWEBOK以外にも、組込みシステム開発に関して有効なBOKはあります。

- ビジネスアナリシス知識体系ガイド(BABOK)
- 要求工学知識体系(REBOK)
- プロジェクトマネジメント知識体系ガイド(PMBOK)
- ソフトウェア品質知識体系ガイド(SQuBOK)
- 情報セキュリティ知識分野(SecBoK)

自ら情報発信すると情報が集まる

　先人の知恵や他の領域での手法を活用し、よりよい作業に改善することは技術者として必須の取り組みです。経験を積めば積むほど、優れた作業方法に洗練されていくはずです。

そんな時、自分がやっている手順や道具などを、ドキュメントやツールの形で形式知化し、共有してください。あなたの手順や道具は、他の人にも有効である可能性が高いからです。

社内では改善提案や作業事例として情報共有を図り、作業標準などにも反映できるといいでしょう。社外に向けては、会社や組織の許諾を得たうえでGitHubなどのリポジトリで共有し、Qiitaなどのナレッジコミュニティでも情報発信や共有を図ってください。自分と同じ苦労を他の人にさせないこと、逆に他の人の情報で自分が効率的に作業することが可能になります。

社内での技術者コミュニティはもちろん、社外の技術者コミュニティへの参加もオススメします。会社・自宅に続く3rdプレイスとして、社外のエンジニアと技術の話をすることはスキルアップになり、キャリアアップの刺激にもなります。

> **COLUMN**
> **SESSAME:組込み技術者コミュニティ**
>
> SESSAMEは2002年から活動する組込み技術に特化したコミュニティで、正式名称は「組込みソフトウェア管理者・技術者育成研究会」（SESSAME: Society of Embedded Software Skill Acquisition for Managers and Engineers）です。技術者育成のためのセミナーやコンテンツ、教材などの開発をしており、産学官から200名を超えるメンバーが参加しています。
>
> http://www.sessame.jp/

> **COLUMN**
> **SWEST:組込み技術のサマーワークショップ**
>
> SWESTは1999年から開催されている、組込み技術に関するワークショップで、正式名称は「組込みシステム技術に関するサマーワークショップ」（Summer Workshop on Embedded System Technologies）です。1泊2日の日程で多くのセッションが開催され、中には一方通行でない熱いディスカッションもあります。毎回100名を超える産学のメンバーが参加しています。
>
> https://swest.toppers.jp/

SECTION-43 ● 組込みエンジニアの学び方

　技術は新たに何かを作り出すことができ、人の役にたつものです。また、楽しいものでもあります。技術を楽しみ、高度な技術を習得し、明るい未来をつくりましょう。

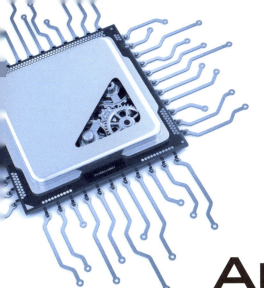

APPENDIX
Arduino IDE／Yoctoの インストール

>> **本章の概要**

　Arudino UNOを利用するためのソフトウェア開発環境のインストール方法、Raspberry Pi 4で動作させるYoctoのビルド方法を紹介します。Arudino UNOの開発環境インストールではWindowsを、YoctoのビルドではUbuntu 18.04をインストールした環境を前提としています。

SECTION-44
Arduino IDEのWindows10でのインストール

🌐 Arduino IDEの入手

　googleなど検索サイトにて、"Arduino UNO IDE"と入力して検索します。IDEのサイトを選択して開きます。

（https://www.arduino.cc/en/guide/windows）

　IDEのダウンロードを選択します。

ダウンロードページを開きます。

Windows版のZIPファイルを選択します。

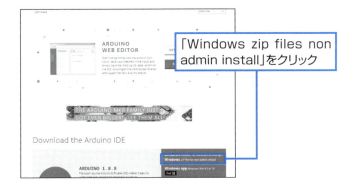

Contribute to the Arduino Softwareのページに遷移します。遷移したら、ダウンロードを開始します。

● Arduino IDEのインストール

ダウンロードが完了したら、ZIPファイルを展開します。

SECTION-44 ● Arduino IDEのWindows10でのインストール

展開が終わると、arduino-1.8.8-windowsフォルダ内にarduino-1.8.8フォルダが展開されます。パスが長いので、arduino-1.8.8フォルダを1つ上の階層に移動させます。

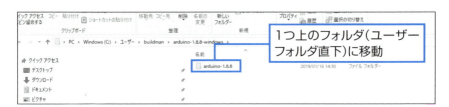

移動したら、arduino-1.8.8-windowsフォルダは削除します。

続いて、IDEの実行に必要なパスを追加します。エクスプローラを表示し、PCアイコンののプロパティを選択します。

SECTION-44 ● Arduino IDEのWindows10でのインストール

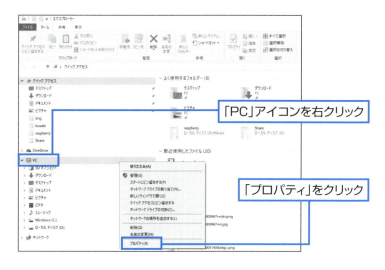

表示されたウィンドウから、システムプロパティを開きます。

システムプロパティを開いたら、環境変数の入力に進みます。

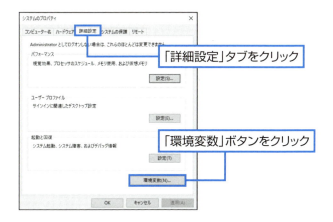

SECTION-44 ● Arduino IDEのWindows10でのインストール

環境変数のボックスが開いたら、システム環境変数を編集します。

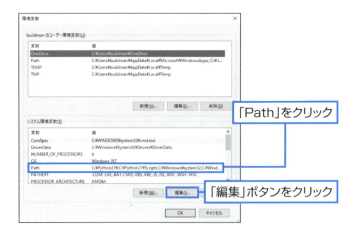

環境変数名の編集ボックスで、パスを追加します。追加が完了したら、開いたボックスは全て閉じます。

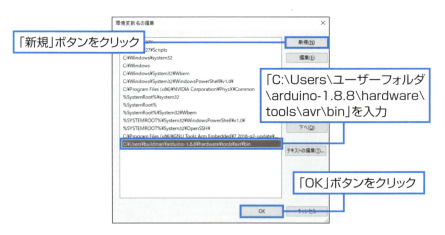

● AVRコマンドの動作確認

コマンドプロンプトを開き、pathコマンドを入力してパスが反映されていることを確認します。反映されていない場合は、手順を見直してください。

```
path
```

SECTION-44● Arduino IDEのWindows10でのインストール

●pathコマンドの実行結果

パスの確認ができたら、コマンドプロンプト上でAVRコマンドをavr-gccと入力して、動作することを確認します。

```
avr-gcc
```

●AVRコマンドの実行結果

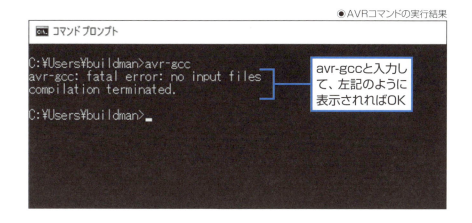

avr-gccと入力して、左記のように表示されればOK

SECTION-45

Yoctoビルド環境の準備

　Yoctoを利用するためのインストールを紹介します。PCにUbuntu 18.04をインストールした環境を前提とします。

⊕ dashの切り替え

　利用するシェルを変更します。画面の要求に対して、「いいえ」を選択してください。

```
$ sudo dpkg-reconfigure dash
```

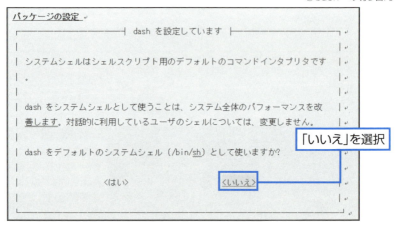

●bashへの切り替え

⊕ ビルドに必要なパッケージのインストール

　まず、ビルドに必要なパッケージをインストールします。

```
$ sudo apt-get update
$
$ sudo apt-get  install gawk wget git-core diffstat unzip texinfo gcc-multilib
build-essential chrpath libsdl1.2-dev xterm cmake subversion coreutils unzip
texi2html texinfo docbook-utils fop gawk python-pysqlite2 make gcc xsltproc
g++ desktop-file-utils libgl1-mesa-dev libglu1-mesa-dev autoconf automake
groff libtool libxml-parser-perl
```

PCが64bit環境の場合には、以下のファイルもインストールします。

```
$ sudo apt-get install libncurses5-dev
$ sudo apt-get install lib32z1
$ sudo apt-get install lib32ncurses5
$ sudo apt-get install ncurses-dev
```

⊕ Proxyの設定が必要な場合

ビルド環境がProxyネットワークであった場合に、Proxyを超えるための設定が必要になります。

ProxyサーバのID、Password、proxyサーバ名、ポート番号は、利用環境に合わせて変更してください。

◆ /etc/apt/apt.confの作成

viを使用して/etc/apt/apt.confを作成します。

```
$ sudo vi /etc/apt/apt.conf
```

●/etc/apt/apt.conf

```
Acquire::ftp::proxy "ftp://ID:PASSWORD@proxyサーバ名:ポート番号/";
Acquire::http::proxy "http://ID:PASSWORD@proxyサーバ名":ポート番号/";
Acquire::https::proxy "https://ID:PASSWORD@proxyサーバ名":ポート番号/";
```

◆ ~/.wgetrcの作成

Yoctoのビルドでは、wgetを使って、インターネット上のパッケージをダウンロードしてきますので、Proxy設定が必要です。同じくviで~/.wgetrcを作成します。

```
$ cd
$ vi .wgetrc
```

●~/.wgetrc

```
http_proxy=http://ID:PASSWORD@proxyサーバ名:ポート番号/
https_proxy=http://ID:PASSWORD@proxyサーバ名:ポート番号/
ftp_proxy=http://ID:PASSWORD@proxyサーバ名:ポート番号/
```

SECTION-45 ● Yoctoビルド環境の準備

◆ ~/.bashrcの追加

環境変数として、~/.bashrcにProxyの追加が必要になります。viで以下の内容を追加します。

```
$ cd
$ vi .bashrc
```

◉ ~/.bashrc

```
export http_proxy=http://ID:PASSWORD@proxyサーバ名:ポート番号/
export https_proxy=http://ID:PASSWORD@proxyサーバ名:ポート番号/
export ftp_proxy=http://ID:PASSWORD@proxyサーバ名:ポート番号/
```

◆ Proxyを超えるためのコマンド導入と設定

gitを使って、Proxyサーバを超える場合には、corkscrewというコマンドが必要になります。以下、corkscrewを導入するための手順となります。

```
$ sudo apt-get install corkscrew
$
$ cd
$ sudo vi /usr/local/bin/git-proxy
```

◉ /usr/local/bin/git-proxy

```
#!/bin/sh
exec /usr/bin/corkscrew proxyサーバ名 ポート番号 $1 $2 ~/.proxy_auth
```

作成したgit-proxyに実行権を付けます。

```
$ cd
$ sudo chmod 755 /usr/local/bin/git-proxy
```

.bashrcにgit-proxyを追加します。

```
$ cd
$ vi .bashrc
```

●.bashrc
```
export GIT_PROXY_COMMAND=/usr/local/bin/git-proxy
```

git-proxyコマンドに渡す引数を作成します。

```
$ cd
$ vi .proxy_auth
```

●.proxy_auth
```
ID:PASSWORD
```

SECTION-46
Raspberry Pi 4用の Yocto環境構築

Raspberry Pi 4用のYocto環境を構築していきます。

● Yoctoのバージョン

最新対応versionは、3.1となります。この手順書は、Dunfell(version 3.1) Long Term Supportを対象に説明をします。

● Yocto環境構築

任意のディレクトリを作成します。

```
$ mkdir ~/yocto
$ cd ~/yocto
```

◆ ディレクトリ構成

pokyのソースコードや各レイヤを次のような構成になるように配置します。

◆ Yocto、Raspberry Pi4の取得

以下のコマンドで、Yocto環境と、Raspberry Pi4用の環境を取得します。

```
$ mkdir layers
$ cd layers
$ git clone git://git.yoctoproject.org/poky.git -b dunfell
$ git clone git://git.openembedded.org/meta-openembedded -b dunfell
$ git clone git://git.yoctoproject.org/meta-raspberrypi -b dunfell
```

Yocto環境のセットアップ

ビルドを実行する前に、Yoctoのレイヤ構成を構築します。

◆ レイヤ構成手順

Yoctoのレイヤ構成を行います。Yoctoのレイヤ構成は、buildディレクトリのconf/bblyaer.confに記載されます。

```
$ cd ~/yocto
$ source layers/poky/oe-init-build-env build
$
$ bitbake-layers add-layer ../layers/meta-openembedded/meta-oe
$ bitbake-layers add-layer ../layers/meta-raspberrypi
```

◆ 環境ファイルの編集

Yoctoのビルドを行うときの環境ファイルにビルドするための設定を記載します。環境ファイルは、buildディレクトリのconf/local.confに記載します。

```
$ vi conf/local.conf
```

●conf/local.conf

```
# for raspberrypi4
# 32bit版/64bit版どちらかを選択します。
# 32bit版の場合
MACHINE = "raspberrypi4"
# #64bit版の場合
MACHINE = "raspberrypi4-64"

# systemd
DISTRO_FEATURES_append = " systemd pam"
VIRTUAL-RUNTIME_init_manager = "systemd"
DISTRO_FEATURES_BACKFILL_CONSIDERED = "sysvinit"
VIRTUAL-RUNTIME_initscripts = ""


# enable serial debug
ENABLE_UART = "1"


# Wi-Fi tools(connman)
```

SECTION-46 ● Raspberry Pi 4用のYocto環境構築

```
IMAGE_INSTALL_append = " connman \
                        connman-client \
"

# add Packages
IMAGE_INSTALL_append = " kernel-image kernel-devicetree kernel-modules"

# Time zone setting
IMAGE_INSTALL_append = " tzdata"
DEFAULT_TIMEZONE = "Asia/Tokyo"

# FS Types
IMAGE_FSTYPES_append = " ext4"
IMAGE_FSTYPES_remove = " ext3"
IMAGE_FSTYPES_remove += " rpi-sdimg"
```

◆ ビルドの実行

ビルドを実行します。今回は、CUI(Command User Interface)のイメージを作成します。

```
$ bitbake core-image-base
```

◆ SDカードに書き込むイメージデータ

ビルドが完了すると、Raspberry Pi用のイメージが作成されます。

```
# 32bit版の場合
$ cd ~/yocto/build/tmp/deploy/images/raspberrypi4/
$ ls core-image-base-raspberrypi4.wic.b*
  tmp/deploy/images/raspberrypi4/core-image-base-raspberrypi4.wic.bmap
  tmp/deploy/images/raspberrypi4/core-image-base-raspberrypi4.wic.bz2

# 64bit版の場合
$ cd ~/yocto/build/tmp/deploy/images/raspberrypi4-64/
$ ls core-image-base-raspberrypi4-64.wic.b*
  tmp/deploy/images/raspberrypi4-64/core-image-base-raspberrypi4-64.wic.bmap
  tmp/deploy/images/raspberrypi4-64/core-image-base-raspberrypi4-64.wic.bz2
```

◆ SDカードの作成

SDカードを作成します。SDカードのデバイス認識は、PC環境に依存しますので、間違えずに実行してください。SDカードの作成は、2020/01/24以降でbmap-toolsを使ったイメージデータの書き込み手順になっていますので、bmap-toolsのインストールが必要になります。

```
$ sudo apt-get install bmap-tools

# 32bit版の場合
$ cd ~/yocto/build/tmp/deploy/images/raspberrypi4/
$ sudo bmaptool copy core-image-base-raspberrypi4.wic.bz2 /dev/sdX

# 64bit版の場合
$ cd ~/yocto/build/tmp/deploy/images/raspberrypi4-64/
$ sudo bmaptool copy core-image-base-raspberrypi4-64.wic.bz2 /dev/sdX
```

なお、sdXは、利用環境によって変わります。SDカードのデバイス名を確認してください。間違ってHDDを指定した場合、そのHDDが消去されるため十分に気を付けて実行してください。

COLUMN LED制御のOSSライブラリのライセンスとroot権限

OSSで利用できるLED制御用のライブラリは以下の種類があります。root権限がないと利用できないものもありますので、製品利用時には、留意しましょう。

ライブラリ名	root権限	ライセンス	評価	備考
rppal	×	MIT	◎	Rustで実装されている。
rustpi_io	○	GPL v3.0	×	root権限、ライセンス的にNG
sysfs_gpio	○	MIT/Apache 2.0	△	root権限が必要になってしまう。
wiringpi	×	MIT	○	C言語で実装されている。

※×:root権限不要or評価低、△:評価中、○:root権限不要or評価高、◎:評価非常に良い。

参考図書

謝辞
本著を執筆するにあたり、Web情報、参考図書を参考にさせていただきました。ありがとうございます。

参考文献
- 「改訂新版 絵で見る 組込みシステム入門」2014、電波新聞社刊、組込みシステム技術協会著
- 「エンベデッドシステム開発のための組込みソフト技術」2005、電波新聞社刊、日本システムハウス協会エンベデッド技術者育成委員会著
- 「組み込みソフトウェア開発スタートアップ」2005、CQ出版社刊、デザインウェーブマガジン編集部著
- 「Linuxカーネル2.6解読室」2006、ソフトバンク クリエイティブ刊、高橋浩和／小田逸郎／山幡為佐久著
- 「Arduinoをはじめよう 第3版」2015、オーム社刊、Massimo Banzi／Michael Shiloh著、船田 巧訳
- 「サイバーセキュリティ」2018、岩波書店刊、谷脇 康彦著

参考URL
- 「組み込みギョウーカイの常識・非常識」
  https://www.itmedia.co.jp/keywords/embe_gyokai.html
- 「マイコン入門!! 必携用語集」
  https://ednjapan.com/edn/subtop/software/
- 「そもそも"マイコン"って何?」
  https://ednjapan.com/edn/articles/1303/11/news001.html
- 「ハードウェアの仕組みとソフトウェア処理」
  http://www.kumikomi.net/archives/2009/11/post_23.php
- 「組み込み」ならではの基礎知識
  http://www.kumikomi.net/archives/2003/05/10kumi.php
- 「組み込みソフト開発のしきいを下げる"リアルタイムOS"のすべて」
  http://www.kumikomi.net/archives/2001/06/05rtos.php?page=3
- 「組み込みOSが必要とされる機器とその理由」
  https://thinkit.co.jp/story/2010/08/10/1695
- 「時間、順序を律義に守る──リアルタイムOSとは」
  https://www.ednjapan.com/edn/articles/1403/18/news003_2.html
- 「計算機室 マイコン用OSをインストールしてみる」
  http://asamomiji.jp/contents/documents/electronics/install_various_os_on_various_platform
- 「Setting Up FreeRTOS on Arduino」
  https://exploreembedded.com/wiki/Setting_Up_FreeRTOS_on_Arduino
- 「体験!マイコンボードで組込みLinux」
  https://gihyo.jp/dev/serial/01/micom-linux/0001
- 「小型組み込み機器向けLinux ──MMUを持たないマイクロプロセッサで動作するしくみ」
  http://www.kumikomi.net/archives/2001/08/07lineo.php?page=3
- 「赤面ブログ SoCでも大活躍! MMUの役目とは??」
  http://www.kumikomi.net/archives/2001/08/07lineo.php?page=3
- 「Raspberry Pi3 データシート」
  https://www.alliedelec.com/m/d/1988f69b72864ea60d5867861de53e42.pdf
  https://www.raspberrypi.org/app/uploads/2012/02/BCM2835-ARM-Peripherals.pdf
  https://www.raspberrypi.org/documentation/hardware/raspberrypi/bcm2837/README.md
- 「組み込み力向上 ETEC対策ドリル」
  https://monoist.atmarkit.co.jp/mn/articles/1002/01/news113.html
- 「ATmega328Pデータシート」
  https://www.microchip.com/wwwproducts/en/ATmega328P#datasheet-toggle
- 「AVR Libc」
  http://www.nongnu.org/avr-libc/
- 「玉虫色に染まれ!!」
  https://over80.hatenadiary.jp/entry/20100506/avr_build
- 「しなぷすのハード制作記」
  https://synapse.kyoto/glossary/glossary.php?word=Arduino+Uno
- 「Arduinoで遊ぶページ」
  https://garretlab.web.fc2.com/arduino/index.html
- 「Arduino 日本語リファレンス」
  http://www.musashinodenpa.com/arduino/ref/
- 「スマートデバイス」
  https://ja.wikipedia.org/wiki/スマートデバイス
  https://www.weblio.jp/wkpja/content/スマートデバイス_スマートデバイスの概要
  https://orange-operation.jp/posrejihikaku/miraijuku/スマートデバイス活用による業務改善
  https://iot.tranzas.co.jp/colum_detail.php?b_no=17
  http://gemba-iot.com/?p=292
  https://tech.nikkeibp.co.jp/it/atclact/active/15/121500149/
- 「FreeRTOS」
  https://www.freertos.org/a00102.html
  http://www.azusa-st.com/kjm/FreeRtos/FreeRTOS.html
  https://fielddesign.jp/technology/rtos/rtos_kernel/
  http://www.azusa-st.com/kjm/FreeRtos/tasks..html
  http://www.picfun.com/RTOS/FreeRTOS02.html

索引

A・B・C・D

AE-UM232R ･････････････････ 177
ALU ･････････････････････････ 44
Arduino IDE ･･････････････ 122, 252
Arduino UNO ･･･････････････ 52, 80
ATmega328P ･･･････ 80, 90, 103
avr-gcc ･････････････････････ 56, 257
avr-objcopy ････････････････････ 56
avr-objdump ･･･････ 62, 66, 103
BA ･･････････････････････････ 234
BCM2711 ･････････････････････ 172
BCM2837 ･････････････････････ 150
bitbake ･･････････････････････ 175
Blink_AnalogRead ････････････ 124
BSP ･･････････････････････ 151, 176
cat ･･････････････････････････ 192
clone ････････････････････････ 193
cmake ･･･････････････････････ 183
COTS ････････････････････････ 217
CPU ･････････････････････ 28, 43, 68
DA ･･････････････････････････ 234
DfE ･････････････････････････ 205
DfM ･････････････････････････ 206
DfT ･････････････････････････ 206
DMA ･････････････････････････ 40
dmesg ･･･････････････････････ 187
DRAM ････････････････････････ 33
DX ･･････････････････････････ 236

E・F・G・H

echo ････････････････････････ 192
EEPROM ･･･････････････････ 33, 90
ELFファイル ･･･････ 56, 62, 103, 110
eMMC ････････････････････････ 34
EPROM ･･･････････････････････ 33
ESPR ････････････････････････ 208
ETEC ･･･････････････････････ 246
ETSS ･････････････････････････ 23
FA ･･････････････････････････ 234
FIFO ････････････････････････ 37, 161
FPGA ････････････････････････ 211
FreeRTOS ･･･････････････････ 122
FT232RL ････････････････････ 178
gcc ･･････････････････････････ 54
git ･･･････････････････････ 183, 195

GND ･････････････････････････ 40
GPIO ･･･････ 42, 97, 173, 179, 191
GPL ･･･････････････････ 112, 157, 185
HEXファイル ･･･････ 56, 61, 101, 110

I・J・K・L

I/OマップドI/O ･･･････････････ 42, 103
I2C ･･････････････････････････ 38
iCD ･････････････････････････ 23
IDE ･････････････････････････ 80
ifconfig ･････････････････････ 194
Industry4.0 ･･････････････････ 235
insmod ･･････････････････････ 187
IoT検定 ･････････････････････ 247
/ipc ･････････････････････････ 167
IPO ･････････････････････････ 13
ISTQB ･･･････････････････････ 227
iコンピテンシディクショナリー ･･･ 23
JSTQB ･･･････････････････････ 227
JTAG ････････････････････････ 71
Kernel ･･････････････････････ 159
LIFO ･････････････････････････ 67
LSI ･･･････････････････ 149, 204, 211
lsmod ･･･････････････････････ 188

M・N・O・P

Makefile ････････････････････ 186
meta ････････････････････････ 176
MMU ････････････････････････ 157
MVP ････････････････････････ 242
NTCR要件 ･････････････････････ 12
Nuttx ･･･････････････････････ 151
OCD ･････････････････････････ 71
OS ･････････････････････ 18, 52, 114
OSS ･･･････････ 150, 157, 193, 198
PA ･･････････････････････････ 234
Peripheral ･･････････････････ 28, 40
PID ･････････････････････････ 163
PIO ･････････････････････････ 40
PoC ･････････････････････････ 242
poky ････････････････････････ 176
POSIX ･････････････････････ 135, 162
printk() ････････････････････ 185
Program Counter ･･･････････････ 43

267

索引

Q・R・S・T

QAスペシャリスト ……………………… 23
QCD ………………………………………212
RAM ……………………………… 28, 32, 37
Raspberry Pi … 52, 148, 172, 262
recipes …………………………………176
Register ………………… 42, 100, 105
rmmod …………………………………188
ROM ……………………………………28, 31
RTC ………………………………… 41, 183
RTOS …………………………… 114, 140
SCK ………………………………………… 39
SCL ………………………………………… 38
SDA ………………………………………… 38
SDI ………………………………………… 39
SDO ………………………………………… 39
SESSAME ……………………………249
Snapdragon …………………………149
SoC ………………………………………149
Society 5.0 …………………………143
SPI ………………………………………39, 91
SRAM ………………………………… 33, 90
SS ………………………………………… 39
SWEBOK ……………………… 225, 248
SWEST …………………………………249
TCB …………………………… 120, 127
Tera Term …………………………… 180
T-Kernel ……………………………… 138
TRON …………………………………… 136
TSS ………………………………………115

U・V・W・Y・Z

UART …………………………… 37, 116
USART ………………………………… 91
USB-シリアル変換モジュール …… 178
V字モデル ……………………………207
wiringPi ………………………………193
Yocto … 151, 175, 182, 193, 258
Zero Flag ……………………………… 69

あ行

アーキテクチャ依存のコード ………166
アセンブラ／アセンブリ …………… 58
アセンブル ……………………………… 59
アドレス ………………………………… 31
アドレスバス ………………………… 35
アドレスレジスタ …………………… 44
アノード ………………………………… 93
イベントドリブン……………………… 115
ウェアラブルデバイス ……………… 146
受け入れテスト ………………………228
エッジコンピューティング ……………240
エンジニア ……………………………… 20
エンタープライズソフトウェア ……… 17
エンベッデッドソフトウェア ………… 17
オシロスコープ ………………………… 72

か行

カーネル ……… 159, 161, 165, 167
カーネル・コード ………………… 166
回帰テスト ……………………………226
開発プロセス改善スペシャリスト …… 23
開発環境エンジニア ………………… 23
外部割り込み ………………………… 48
カスタマーディスプレイ …………… 145
仮想アドレス空間 …………………… 157
カソード ………………………………… 93
間接アドレッシング ………………… 106
機械語…………………………………… 31
機能ユニット ……………………………217
機能要求………………………………209
揮発性メモリ ………………………… 32
キャラクター型デバイス ……………167
共通定数の定義……………………218
共有メモリ ……………………………165
組込みOS ……………………………115
組込みスキル標準…………………… 23
組込みソフトウェア向け開発プロセスガイド
……………………………………… 208
組込み技術者試験制度………………246
グランド ………………………………… 40
クリエイティブ・コモンズ・ライセンス
……………………………………… 112
クロス開発環境……………………… 54
クロック ……………………………36, 91
形式知化………………………………249
コード領域 …………………………… 65
コルーチン型……………………………122
コンテキストスイッチ ……… 120, 158

コントロールバス ………………… 35
コンパイル ……………………58, 125

さ行

最適化……………………………74, 101
サスペンド ……………………… 128
時間制約………………………… 114
シグナル ………………………… 165
システムアーキテクチャ設計…207, 211
システムアーキテクト ………… 23
システムアーキテクト試験 ……246
システムコール …………… 127, 162
システムコールインターフェース
　……………………… 165, 168, 189
システムテスト ………………… 207
システムファイル ……………… 170
システムレジスタ …………… 44, 68
システム結合・統合テスト ……229
システム結合テスト …………… 207
システム妥当性確認テスト ……229
システム要求定義 ………… 207, 209
実行サイクル …………………… 45
実行中……………………………… 128
実装……………………………… 222
従デバイス ……………………… 38
主デバイス ……………………… 38
情報セキュリティスペシャリスト試験
　…………………………………246
情報処理技術者試験……………245
シリアルコンソール …………… 32
シリアルポート ……………72, 132
スケッチ ………………………… 124
スタック ………………… 64, 67, 127
スタックオーバーフロー ……… 121
ステータスレジスタ ………… 44, 69
ステート解析 …………………… 73
スマートデバイス ………… 142, 144
スレーブデバイス ……………… 38
制御モデル ……………………… 13
制約条件………………………… 15
セクション ……………………… 65
セマフォ …………………… 127, 165
セルフ開発環境………………… 182
ソケット ………………………… 165
ソフトウェアアーキテクチャ設計 ……217

ソフトウェア結合テスト ……… 207, 225
ソフトウェア詳細設計 ……… 207, 220
ソフトウェア妥当性確認テスト ………228
ソフトウェア単体テスト ……………… 207
ソフトウェア統合テスト ……… 207, 225
ソフトウェア品質特性 ………………209
ソフトウェア部品 ……………………… 150
ソフトウェア方式設計 ……………… 207
ソフトウェア要求定義 ……… 207, 215
ソフトリアルタイム …………… 14, 27

た行

タイマー…………………………41, 111
タイマー割り込み ……………48, 127
タイミング解析 ………………… 73
タスク …………………………… 118, 127
単体テスト ……………………… 222
チップセレクト ………………… 36
チップベンダー ………………… 151
抵抗……………………………… 94
ディストリビューション ……… 174
データシート …………………… 82
データバス ……………………35, 108
データ領域 ……………………… 65
適格性確認テスト ……………… 228
デコーダ ………………………… 44
テストエンジニア ……………… 23
デバイスファイル ………… 169, 189
デバッグ ………………………… 222
統合開発環境…………………… 80
ドメインスペシャリスト ……… 23
名前付けパイプ ………………… 165

な行

ネットワークスペシャリスト試験 ……246
ネットワーク型デバイス …………… 167

は行

ハードウェアエンジニア ……… 23
ハードリアルタイム …………… 14, 27
パイプ …………………………… 165
波形解析………………………… 73
バス ……………………………… 29, 40
バスアービタ …………………… 40

269

バスアービタ ……………………… 40
汎用OS …………………………… 114
汎用レジスタ ……………………… 44
非機能要求………………………… 209
非同期方式………………………… 38
ビルド …… 55, 101, 181, 195, 258
ファームウェア …………………… 17
不揮発性メモリ …………………… 32
物理アドレス空間 ………………… 157
フラグレジスタ …………………… 44
ブラックボックス ………………… 226
フラッシュ ……………… 33, 90, 211
プリエンプション ………………… 121
ブリッジ …………………………… 37
ブリッジSE………………………… 23
プリプロセス ……………………… 57
フルスタックエンジニア …………238
ブレッドボード…………………93, 95
プログラマブルROM ……………… 33
プログラムカウンタ ……………… 43
プログラムユニット ……………… 217
プロジェクトマネージャ ………… 23
プロジェクトマネージャ試験 ……246
プロダクトマネージャ …………… 23
ブロック …………………………… 128
ブロック型デバイス ……………… 167
プロテクトモード ………………… 160
プロトタイプ …………………80, 242
ページ ……………………………… 158
ページング ………………………… 161
ペリフェラル ……………………… 40
ペリフェラル(Peripheral) ………… 28
ポインタ …………………………… 76
ポーリング ………………………… 74
歩調同期方式……………………… 38
ホワイトボックス ………………… 226

ま行

マイコン ………………… 10, 28, 80
マスクROM ………………………… 33
マスタデバイス …………………… 38
ミドルウェア ……………………… 53
命令デコードサイクル …………… 45
命令フェッチサイクル …………… 45
命令レジスタ ……………………… 44

メインバス ………………………… 34
メッセージキュー ………………… 165
メモリ ………………………… 28, 30
メモリマップ ……………………… 103
メモリマップドI/O ………………… 42
戻り番地 …………………………… 67

や行

優先度……………………… 49, 121, 131
要求…………………………………215

ら行

ライセンス ………………… 112, 157
ライトイネーブル ………………… 36
ライトバックサイクル …………… 45
ライフサイクル …………………… 202
ライブラリ …………………… 53, 162
ラウンドロビン …………… 127, 129
リアルタイムOS …………………… 114
リアルモード ……………………… 160
リードイネーブル ………………… 36
リーンスタートアップ …………… 242
リンク ……………………………… 60
例外 ……………………………21, 218
レグレッションテスト …………… 226
レジスタ ……………… 42, 100, 105
レディー …………………………… 128
ローカルバス ………………… 34, 37
ロジアナ(ロジックアナライザ) …… 72

わ行

割り込み ………………… 47, 67, 77
割り込みハンドラー …… 77, 118, 127
割り込みベクター …………… 49, 64
割り込みベクターテーブル ……… 47
割り込み要因……………………… 49

■著者紹介

牧野 進二（まきの しんじ）

キャリア向けISDN、PHS向け交換機の組込みソフトウェア開発・保守から始まり、スマートフォン開発、IVI開発や放送機器向けのハードウェア開発（回路設計、FPGA設計など）などのキャリア経験を持っている。開発技術だけでなく、組込み開発プロセス改善活動、ソフトウェア保守方法の改善など開発マネジメントの活動、組込み技術者の教育活動に携わった経験がある。著書として、「ETSS標準ガイドブック」「エンベデッドシステム開発のための組込みソフト技術」がある。最近では、IoT機器など組込み製品のセキュリティ対策関する研究活動を行っている。

渡辺 登（わたなべ のぼる）

NPO法人組込みソフトウェア管理者・技術者育成研究会 理事

電機メーカー系会社で通信システムの開発やプロセス改善に従事し、その後、IPA（独立行政法人情報処理推進機構）で研究員として組込み技術者の人材育成に従事。2010年から株式会社アフレルにてレゴマインドストームを使った人材育成施策を企画提供。現在は合同会社ワタナベ技研および株式会社for Our Kidsを起業し、オリジナル教材ロボットの開発・販売に取り組んでいる。

編集担当 : 吉成明久 / カバーデザイン : 秋田勘助(オフィス・エドモント)
写真 : ©maksym yemelyanov - stock.foto

●特典がいっぱいのWeb読者アンケートのお知らせ
　C&R研究所ではWeb読者アンケートを実施しています。アンケートにお答えいただいた方の中から、抽選でステキなプレゼントが当たります。詳しくは次のURLのトップページ左下のWeb読者アンケート専用バナーをクリックし、アンケートページをご覧ください。

C&R研究所のホームページ　http://www.c-r.com/
携帯電話からのご応募は、右のQRコードをご利用ください。

組込みエンジニアの教科書

2019年4月26日　第 1 刷発行
2025年5月20日　第11刷発行

著　者　　渡辺 登、牧野 進二
発行者　　池田武人
発行所　　株式会社 シーアンドアール研究所
　　　　　新潟県新潟市北区西名目所 4083-6(〒950-3122)
　　　　　電話 025-259-4293　　FAX 025-258-2801
印刷所　　株式会社 ルナテック

ISBN978-4-86354-275-4　C3055
©Noboru Watanabe, Shinji Makino, 2019　　　　　　　　　Printed in Japan

本書の一部または全部を著作権法で定める範囲を越えて、株式会社シーアンドアール研究所に無断で複写、複製、転載、データ化、テープ化することを禁じます。

落丁・乱丁が万一ございました場合には、お取り替えいたします。弊社までご連絡ください。